SCIENCE

UOYU KEXUE YOUGE YUEHUI

及科学知识，拓宽阅读视野，激发探索精神，培养科学热情。

匪夷所思的
植物

★ 各种科普知识，汇集大量精美插图，为你展现一个生动有趣
让你体会发现之旅是多么有趣，探索之旅是多么神奇！

吉林出版集团
北方妇女儿童出版社

图书在版编目（CIP）数据

匪夷所思的植物／李慕南,姜忠喆主编.—长春：
北方妇女儿童出版社,2012.5（2021.4重印）
（青少年爱科学.我与科学有个约会）
ISBN 978-7-5385-6303-0

Ⅰ.①匪… Ⅱ.①李… ②姜… Ⅲ.①植物-青年读
物②植物-少年读物 Ⅳ.①Q94-49

中国版本图书馆 CIP 数据核字（2012）第 061658 号

匪夷所思的植物

出 版 人	李文学
主　　编	李慕南　姜忠喆
责任编辑	赵　凯
装帧设计	王　萍
出版发行	北方妇女儿童出版社
地　　址	长春市人民大街 4646 号 邮编 130021
	电话 0431-85662027
印　　刷	北京海德伟业印务有限公司
开　　本	690mm × 960mm　1/16
印　　张	12
字　　数	198 千字
版　　次	2012 年 5 月第 1 版
印　　次	2021 年 4 月第 2 次印刷
书　　号	ISBN 978-7-5385-6303-0
定　　价	27.80 元

前　　言

科学是人类进步的第一推动力,而科学知识的普及则是实现这一推动力的必由之路。在新的时代,社会的进步、科技的发展、人们生活水平的不断提高,为我们青少年的科普教育提供了新的契机。抓住这个契机,大力普及科学知识,传播科学精神,提高青少年的科学素质,是我们全社会的重要课题。

一、丛书宗旨

普及科学知识,拓宽阅读视野,激发探索精神,培养科学热情。

科学教育,是提高青少年素质的重要因素,是现代教育的核心,这不仅能使青少年获得生活和未来所需的知识与技能,更重要的是能使青少年获得科学思想、科学精神、科学态度及科学方法的熏陶和培养。

科学教育,让广大青少年树立这样一个牢固的信念:科学总是在寻求、发现和了解世界的新现象,研究和掌握新规律,它是创造性的,它又是在不懈地追求真理,需要我们不断地努力奋斗。

在新的世纪,随着高科技领域新技术的不断发展,为我们的科普教育提供了一个广阔的天地。纵观人类文明史的发展,科学技术的每一次重大突破,都会引起生产力的深刻变革和人类社会的巨大进步。随着科学技术日益渗透于经济发展和社会生活的各个领域,成为推动现代社会发展的最活跃因素,并且成为现代社会进步的决定性力量。发达国家经济的增长点、现代化的战争、通讯传媒事业的日益发达,处处都体现出高科技的威力,同时也迅速地改变着人们的传统观念,使得人们对于科学知识充满了强烈渴求。

基于以上原因,我们组织编写了这套《青少年爱科学》。

《青少年爱科学》从不同视角,多侧面、多层次、全方位地介绍了科普各领域的基础知识,具有很强的系统性、知识性,能够启迪思考,增加知识和开阔视野,激发青少年读者关心世界和热爱科学,培养青少年的探索和创新精神,让青少年读者不仅能够看到科学研究的轨迹与前沿,更能激发青少年读者的科学热情。

二、本辑综述

《青少年爱科学》拟定分为多辑陆续分批推出,此为第一辑《我与科学有个

约会》,以"约会科学,认识科学"为立足点,共分为10册,分别为:

1.《仰望宇宙》
2.《动物王国的世界冠军》
3.《匪夷所思的植物》
4.《最伟大的技术发明》
5.《科技改变生活》
6.《蔚蓝世界》
7.《太空碰碰车》
8.《神奇的生物》
9.《自然界的鬼斧神工》
10.《多彩世界万花筒》

三、本书简介

本册《匪夷所思的植物》收录了有着各种特殊之处的植物,一一展现它们的特点和风采,在这里可以领略它们的奇特本领,唤起人们心目中珍惜植物的高尚情感。我们期待着人们能够建立起与植物和谐共处的亲密关系!从古老的植物到最奇异的植物,哪些植物最危险、最有用,哪些植物功能最奇特?……答案一定会让你大吃一惊。它们在千万年的进化中成功胜出,用自己特有的本领向世界昭示着它们的存在。本书从几个不同的方面展示了水、陆等各种植物的奇妙景象,题材广泛,知识丰富;图文并茂,生动幽默。动物世界,千姿百态;生存之道,各有绝招。植物世界中许许多多鲜为人知的奥妙等待我们去揭开,让我们去寻找一些奇特的世界纪录保持者的植物吧!

本套丛书将科学与知识结合起来,大到天文地理,小到生活琐事,都能告诉我们一个科学的道理,具有很强的可读性、启发性和知识性,是我们广大读者了解科技、增长知识、开阔视野、提高素质、激发探索和启迪智慧的良好科普读物,也是各级图书馆珍藏的最佳版本。

本丛书编纂出版,得到许多领导同志和前辈的关怀支持。同时,我们在编写过程中还程度不同地参阅吸收了有关方面提供的资料。在此,谨向所有关心和支持本书出版的领导、同志一并表示谢意。

由于时间短、经验少,本书在编写等方面可能有不足和错误,衷心希望各界读者批评指正。

本书编委会
2012 年 4 月

目　　录

一、植物之最

二、植物之谜

一、植物之最

最长寿的树木

我国历史悠久，名胜古迹多，文化遗产十分丰富，古树当然也不例外，堪称世界奇观。

其中寿命最长的要首推"黄陵古柏"。这株著名的古树，生长在陕西省黄陵县桥山上轩辕黄帝陵的庙院内。树高20米，胸围10多米，七人合抱尚不能合围。据传说，为轩辕黄帝亲自所植，距今已有四五千年。

台湾阿里山的神木——红桧，据说有3000年的历史！

山西省太原市城南25公里处的全国重点文物保护单位晋祠，有一景称作"周柏齐年"，是指一株周朝的柏树，距今已3000余年。

山东莒县的定林寺有一株硕大的银杏树，也有3000多岁，至今仍果实累累。

广西贵县南山寺殿后洞口峭壁上有一棵松树，在崖上刻有"不老松"三个字，三千年来一直枝干挺拔，人们每每借此作为祝寿的象征。

山东曲阜孔庙中一株桧树，传为孔子所植，距今2400年。

近年来，在西藏高原上发现了许多古柏，其中有的达2300年以上。在广西越城岭下金州县大西江乡境内的钱塘山谷，发现了一株古樟，据县志记载，已有2000多年的历史。

在江苏苏州吴县的司传庙有四株古柏，分别名为清、奇、古、怪，各有特色，尤其是怪柏，遭受雷击，后又复活，历经风雨，仍发新枝叶，据推算，这四株古树已有1800余岁

银杏

岱庙汉柏

的高龄。陕西勉县诸葛亮墓前有 20 多株古柏，皆为 262 年栽植，至今已有 1700 多年。

江西庐山的黄龙寺，寺前的晋朝时候的银杏和两株椰杉，树高 40 多米，距今已一千五六百年。据该县说是一个名叫墨铣的和尚种植的。

南京工学院有一棵六朝松，已活了 1400 多年。

福建莆田县城关原宋氏宗祠庭院内，有一株名叫"宋家香"的荔枝树，植于唐玄宗年间，至今已有 1200 多年的历史，夏日仍果实累累。

四川成都草堂公园的罗汉松，据说是杜甫亲身种植的四松之一，至今有 1200 余年。

此外，还有泰山秦始皇封的"五大夫松"、河南嵩山嵩阳书院的汉将军柏、泰山岱庙的"汉柏"、四川灌县青城山的汉银杏、湖南衡山福严寺的"唐代银杏"、浙江金华的古柏、山东崂山的"华盖未干"，古城西安及山西太原城内的唐槐、昆明黑龙潭的宋柏、北京中山公园的辽柏、劳动人民文化宫的古柏、北海公园的唐槐、门头沟区戒台寺内的卧龙松、迎客松、府学胡同内由民族英雄文天祥手植的古槐等等，皆久负盛名，为游人所称道。

可是，世界上竟然还有比上面还长寿的树！

非洲西部加那利岛上的一棵龙血树，五百多年前，西班牙人测定它大约有八千至一万岁。这才是世界树木中的老寿星。可惜在 1868 年的一次风灾中毁掉了。

龙血树是常绿的大树，树身一般高 20 米，基部周围长却有 10 米，七八个人伸开双臂，才能合围它。此树流出的树脂暗红色，是著名的防腐剂，当地人民称为"龙之血"，故名为龙血树。

最古老的杨树

在现今的杨树家族中，胡杨是最古老的一员。这是因为我国新疆库车千佛洞和甘肃敦煌铁丘沟的第三纪地层中曾发现过它的化石，距今大约已 6500 万年。目前世界上的胡杨资源越来越少，然而我国新疆塔克拉玛干大沙漠边缘还有世界上罕见的一片胡杨林，为新疆有名的三大自然林区之一。

这片林区面积有 33 万多公顷，蓄积量为 460 万立方米。那里的气候极端干旱，年降水量只有 10～50 毫米，而沙层下的含盐量竟达 50%。所以，这片胡杨林是我国干旱沙区宝贵的自然资源，在改善当地的环境条件，阻拦沙流，保障农牧业生产中建立着丰功伟绩。

胡杨所以能够生长在如此干旱、盐渍化程度如此高的土壤中，是因为胡

胡杨

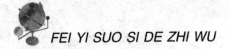

杨有许多适应干旱和盐碱的特征。首先，胡杨的根异常发达，尤其侧根密织如网，有人测算过，一株15年生的胡杨树，它的根深虽只有50～70厘米，但侧根却分布长达20米，因此，能在沙地上岿然屹立。同时，胡杨的叶子十分奇特，在不同时期，有不同大小和形状，如在年幼时，叶为长条形，这样可以减少水分的蒸发，而到成年之后，则变为三角形，卵圆和肾形，而且上面也渐渐革质化，有效地减少了水分的蒸发。

胡杨的身体仿佛骆驼一样可以贮存不少水分，而且耐干旱，越干旱，它贮存的水分也越多。如果把胡杨的树干折断，水分蒸发后，叶的表面也分泌着丰富的盐碱，科研人员曾测定一株胡杨，其叶的表面有5%的盐碱，根约2.5%，树皮约有10%，这是胡杨为什么能在含盐高达3%的土壤中生存的秘密所在。胡杨可谓与盐碱作斗争的英雄。

胡杨耐盐碱干旱，不可能长得十分高，一般不过2米多，但在塔里木盆地安道尔河下游却生长着一棵罕见的"胡杨王"，它高达22米，树冠直径20米，枝下高5米，胸径粗2米，约有250岁左右。

胡杨不仅是沙漠英雄，而且它的木材纹理美观，不受虫蛀，既耐腐，又耐水湿，是制作家具、桥梁、电杆、坑木的良材。据称，解放初期修建的塔里木大桥，就用了胡杨木，胡杨木材的纤维还很长，可达1100多微米，是良好的造纸原料。此外，一颗胡杨可以采收一市斤以上的胡杨碱，其纯度高达百分之六七十，可食用、制肥皂及化工原料，其树叶还是喂羊的好饲料。

最古老的松树

谁都知道松树，谁都赞美松树。自古以来，人们就把它与竹、梅并列，赞誉为"岁寒三友"。

松树是一个十分庞大的家族。全世界约有230多种，其中我国就有115种，而属于我国特产的则有金钱松、白皮松、云南松、海南松、杜松、罗汉松、美人松等，此外，素有盛名的还有红松、黄山松、马尾松等等。

在山东泰山的云步桥上有三株劲松，据说秦始皇曾在树下避过雨，后被封为"五大夫松"，人称秦松，但真正的秦松已被大水冲去，现存的三株是清

五大夫松

代雍正八年（1730 年）补栽的。在山南麓普照寺内有"六朝松"，前人称为古松筛月。松树最多处是对松山，这里两山对峙，万松叠翠、松涛满谷，正是"岱宗最佳处，对松真绝奇"。

旅游胜地黄山有四大奇景，其中之一就是苍劲多姿的古松。其中的"迎客松"最负盛名，其枝丫向一侧倾斜伸出，仿佛向远方的游人招手致意，以示欢迎。此外，还有"送客松""陪客松"，状如蒲团的"蒲团松"，惟妙惟肖的"麒麟松"、"凤凰松"……令人目不暇接，赞叹不已。

北海公园团城上承兴殿东侧有株劲松，已有 800 多岁，当年乾隆皇帝见它浓荫蔽日，遂封它为"遮荫侯"。

在北京延庆的松山天然森林公园，共有十大风景点，"原始松树林"是其中之一。林中有一颗"松树王"，直径有 76 厘米，已经活了 500 多年。

在内蒙鄂尔多斯高原东缘，黄河西岸的黄土丘陵沟壑区，生长着一株年代久远的古松。其体格魁伟，高达 25 米，胸径 134 厘米，完幅 14.5×16.4 米，材积 13.5 立方米，树龄已近 900 岁，被人称作"油松王"。

在广西壮族自治区贵县南山寺殿后洞峭壁上有一颗古松，树龄已达 3000 年，被认为是我国迄今发现的最古老的一棵松树，虽历尽风雨寒暑，但一直苍劲挺拔，繁茂葱郁。在崖上刻有"不老松"，游人前往参观，常与古松合影，把它作为长寿的象征。

最古老的樟树

樟脑球，又名卫生球，能驱虫防蛀，是人们日常生活的必备品，它就是从樟树中提炼而来的。

樟树是南方最常见的树木之一，属于樟科樟属，在全世界共有250种，广布于亚洲（热带），澳大利亚至太平洋岛屿和美洲（热带）。我国约有40多种，主要生长在华南各省。北可达甘肃及陕西南部，其中种数最多的是云南，其次是广东、四川等地。

樟树是常绿的高大乔木，叶革质，有光泽，椭圆形。五月开黄白色小花，十月间结出大如黄豆的黑色果实。

樟树全身是宝。樟叶可饲养樟蚕，其蚕丝是织渔网的好材料，同时又能提炼栲胶，用于农业上的防治水稻螟虫。樟树从根到叶，所有部位都可以提炼樟脑和樟油，是制造胶卷、胶片、赛潞珞的重要原料，广泛用于医药、防腐、防虫蛀以及制作香料，尤其是它的木材，呈黄褐色，纹理顺直，由它制成的樟木箱，可防虫蛀，所以非常受人们的欢迎。樟树的根材也很美，常用制成艺术品供人观赏。

樟树

樟树的栽培历史十分悠久。司马迁《史记》中就有"江南出枸、樟"的记载。因此，我国至今还生存着一些珍贵的千年古樟。

在杭州西湖，原张相寺后有一

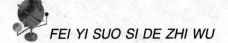

株香樟，树皮褐色呈不规则裂开，近地面的皮层全部剥落，由基部发生数枝，主干已空，有多数裂孔，姿态苍劲，古朴可观，已 1000 多年树龄。

我国的宝岛台湾是世界最有名的樟脑产地，其樟脑产量约占世界总产量的 70%。海拔 500~1800 米的广大山区差不多全是樟树的天下，形成特有的"樟树带"。在那儿，据说还可以看见高达 50 米、胸径 5.1 米的"擎天巨树"。

目前世界上最古老的一棵樟树，当推近年在广西越城岭下金州县大西江乡境内的钱塘山谷发现的那一株，其胸径达 6.6 米，高 30 多米，树枝如伞，荫地占十余亩。据当地的县志记载：这株树已有 2000 多年的历史。它的发现，对进一步研究发展樟树生产有重要价值。

最古老的柏树

嵩阳书院位于中岳庙附近，是我国古代的四大书院之一，也是中原旅游区的重要旅游点之一。游客来此，除了参观古代文化遗产外，主要看"全球稀世珍宝——汉封将军柏"。

嵩阳书院，原有三棵"将军柏"（现只有两棵），最小的称为"大将军"，最大的偏称"二将军"、"三将军"。将军柏名实不符，级职不相称，是什么原因呢？这里有一段传说和趣谈：汉武帝错封三柏。

相传，公元前 110 年，汉武帝刘彻登游嵩山，来到嵩阳书院游览，他一进头道门，看见一棵柏树身材高大，枝叶茂密，不禁赞叹不已，遂信口赐封它为"大将军。"

封罢大将军，汉武帝在群臣的护拥下，朝院内走去。来到正中院，迎面又看见一棵大柏树，这棵柏树，要比"大将军"大几倍，汉武帝心中颇为懊悔。但金口已开，没法更改。最后，他拿定主意，指着面前的大柏树说道："朕封你为二将军。"

群臣簇拥着皇帝，继续往前走，来到藏书楼前，又见到一棵更大的柏树，汉武帝此时虽有犹豫，但改口已是万万不能的了！只能按先来后到次序加封。武帝面对柏树说；"再大你也是三将军了。"

三棵受封的大柏树，都感到不是滋味。三将军柏认为自己是嵩山地区最大的柏树，封为三将军太不合理，一气之下，一命呜呼！现在游人已看不到它了。二将军柏把肚皮气炸了，现在该树干下部，还有裂迹。大将军柏深感受之有愧，没脸抬头见人，慢慢地变成了现在这样的弯腰树。时到今日，两棵汉封的将军柏，依然生长在嵩阳书院的大院里，汉武帝怎会想到这两柏树，已成为他"先入为主"、知错不改的见证呢？

将军柏

历经了 4500 年的风风雨雨，堪称"华夏第一柏"的嵩阳书院"将军柏"早已"风烛残年"，加上病虫的侵袭，生态环境受到破坏，垂暮的"老人"变得越来越憔悴。"大将军"活的皮层仅占干周的 26.9%，"二将军"活的皮层仅占干周的 11.5%。裸露木质腐烂严重，随时都有倾覆的可能，枝叶稀疏，长势极度衰弱。为抢救国宝，登封市委、市政府和文物部门对将军柏进行了树体修复和复壮。

嵩阳书院"将军柏"是国宝，又是活文物。古柏"病危"引起了登封市委、市政府和文物部门的高度重视，决定不惜一切代价进行抢救。2003 年 12 月 2 日登封市文物局邀请北京园林局古树专家、高级工程师丛生对书院内"大将军"、"二将军"的健康状况作诊断。丛先生应邀为这两棵古柏制订树体修复和复壮方案，登封市文物局又特邀黄山、武夷山、河南农科大及新乡园林局的古树专家对原方案进行了审议和补充，并由丛先生指导施工。

据丛先生介绍，通过这次树体修护和复壮，树身将得到有效的加固，随着生长环境的逐步改善，生长状态也将由目前的恶性循环向良性循环方向转化，如果不出意外的话，此树在今后的几十年乃至上百年都不用再进行如此大的修护工程。丛先生乐观地预计，如维护得力，"将军柏"再活千载亦可能，"将军柏"这一绝版景观也得到了保存，对"大将军"的救护工作也将在今后适当的时候进行。

最高大的铁坚杉

铁坚杉是一种古老的孑遗植物，为我国特产。1979 年，植物科学工作者在湖北神农架林区发现了一棵硕大的铁坚杉，经测定，此树高 36 米，胸围 7.5 米，折合木材约有 60 多立方米，在当时来说，这就是我国所发现最高大的铁坚杉。可是，事隔不久，80 年代初，在我国四川巫山县庙堂河谷发现了一株更为高大的铁坚杉，其树高达 50 米，胸径 2.8 米，树冠庞大，遮阳面积达一亩半地，至今仍枝繁叶茂，郁郁葱葱，它在世界上生存了多久，尚无人推算，但显然年代久远，不仅不显衰态，而且每年都有新枝长出。它是我国迄今所发现的最高大最古老的铁坚杉。

铁坚杉，又称铁油杉、牛屋杉、大卫油杉，是一种常绿乔木。其树树皮粗糙，暗深灰色。上有深深的纵裂，呈薄片状剥落，其叶条状，小而扁平。它是一种雌雄同株的树木，每年春日开花，秋日果熟，其果实称为球果，为圆柱形，成熟的呈褐色或淡褐色，直立于枝条顶端。

铁坚杉性喜温暖、阳光。多生长在砂岩、页岩或灰岩的山地，在南方的红壤上，头三年，生长较为缓慢，之后便逐渐加快。在适宜的环境下，每年胸径可增加 1 厘米，30 年以后可成栋梁之材。铁坚杉喜欢热闹，不堪孤独，常与阔叶树混交成林，蔚为壮观。

铁坚杉

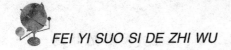

　　铁坚杉属松科，油杉属，在油杉这个家庭里，共有11名成员，均产于东南亚地区，除越南产2种之外，其余9种均为我国特产，所以我国是油杉种类最多的国家，可说是油杉的王国。油杉主要生产在我国的秦岭、长江以南，雅砻江以东，以及台湾、海南岛的温暖山区，海拔在600～1700米的地方。

　　我国油杉家庭的9名成员中，最著名的要数铁坚杉和油杉。这一对孪生兄弟，一般不易区别，但仔细观察，它们的一年生新枝颜色是不一样的。铁坚杉淡黄色或灰色，而油杉红褐或淡粉红色，还有它们的种鳞也稍有区别，铁坚杉是广卵形或者斜方状卵形的，上部边缘有点外曲，而油杉是近圆形的，边缘微微内曲。铁坚杉比油杉更耐寒，主要分布在秦岭以南的甘肃、陕西、四川、湖北、湖南、贵州的山地。油杉属的家庭成员中，另一名为云南油杉或称沙松，也颇有名，它只生长于云南、贵州、四川海拔在600～1500米的范围内，我国素有塔旁栽植铁杉树的传统，因此，英国丘园亦将该树的标本种于塔旁。

　　油杉属植物的木质十分细致，坚实而耐用，硬度适中，含有少量树脂，干后不开裂，耐水湿，抗腐蚀性能较强，供建筑、制家具及工业原料之用。油杉的树冠在少壮时呈塔形，到老年，则呈半圆形，其枝条开展，叶色常青，树形美丽壮观，因此，可作为山地风景林的营造树种以及公园、庭园的观赏树木。

含油量最高的植物

棕榈科油棕属多年生乔木，热带地区重要油料作物之一。经济寿命 20 ~ 30 年，自然寿命可达 100 多年。果肉和种子含油量甚高，有"世界油王"之称。

油棕原产于热带非洲，现北纬 13°至南纬 12°之间的热带地区均有分布。中国在本世纪 20 年代从东南亚引入海南岛等地零星试种。现仅少量分布于海南岛南部，西北部和云南省西双版纳。世界油棕总面积约有 7000 万亩，其中栽培面积 2000 多万亩。1982 年世界产棕油 635 万吨，而最大生产国马来西亚约占其中的 50% 以上，主要生产国还有印度尼西亚，尼日利亚，扎伊尔等。

茎直立不分枝，高 10 多米，叶螺旋状，着生于茎顶，长 4 ~ 6 米，羽状全裂，每叶具有 100 ~ 160 对裂片，叶柄有刺，不易脱落，修叶后叶基呈鳞片状久留于茎上。花单性，肉穗花序，雌雄同株异序，着生于叶腋。每个成熟果穗有 1000 ~ 1500 个果实，一般穗重 10 ~ 15 公斤，最重可达 50 公斤以上。新鲜的果肉和种仁含油率达 50% 左右。主要有厚壳种，薄壳种和无壳种 3 个品种。通常用优良厚壳种（母本）与优良无壳种（父本）杂交而获得产油量高的薄壳种作为种植材料，矮生美洲油棕也可作育种材料。

油棕喜高温，多雨，强光照和土壤肥沃的环境。以年平均温度 25 ~ 27℃，年雨量 2000 ~ 2500 毫米，且分布均匀，日照 5 个小时以上的地区最为适宜；在年平均温度 23 ~ 24℃，雨量 1500 ~ 1800 毫米，无霜害的地区也可栽培。但干旱期长且有短期低温和风害的地区，不利于油棕的生长发育。

选择宜林地建园，种子发芽缓慢，须置于 40℃ 的恒温箱内处理 60 ~ 70 天，然后浸种催芽，用塑料袋育苗 14 ~ 16 个月后移植大田。每亩定植 10 ~ 12 株，采用三角形植距较好。定植初期行间种植覆盖作物，每年根圈除草 3 ~ 4

油棕

次，以施氮肥为主，磷、钾肥为辅，另施有机肥。成龄树每年修叶1次，留叶35片左右。投产后要进行人工授粉，以提高果穗产量。主要害虫有果穗螟、刺蛾等，可用药剂或生物防治。主要病害为果腐病的发生与气候、营养、过度修叶和不授粉有关，可用综合措施防治，萎蔫病和苗疫病为致命病害。

油棕定植后3~4年开始结果，授粉6个月后，果实由紫青色转变为橙红色时开始成熟。在气候适宜的地区，每月都有收获。中国海南岛因受气候影响，每年收获期为4~11月，果穗收获后须尽快加工，先在杀酵灌内用蒸汽（压力245~294千帕）处理1小时，然后入脱果机脱果，经捣碎罐捣碎果肉，再送入压榨机或离心机，由此提取的原棕油要在80~90℃下静置一段时间，使原棕油中所含水分、杂质同油分离，再经过滤和干燥即得橙色的粗棕油。从榨油残渣中分离出的果核经干燥破壳，取得核仁，再经粉碎、压榨，即得棕仁油。薄壳种果穗出油率一般为21~23%，厚壳种为15%~18%，棕油和棕仁油精炼后均可食用，工业上主要用于制造肥皂，还可用作防锈油、润滑剂等，棕仁粕和果渣含蛋白质和脂肪可配制饲料。

最有力气的果实

　　大多数植物的一生都扎根固定在一个地方，半步也挪不动。那么它们的种子是怎么传播到四面八方去的呢？原来，植物在长期的生存竞争中，各自都有一套传播种子的特殊本领和专门的构造。

　　例如，我们常见的蒲公英，每当果实成熟时每个小果头上生有一簇绒毛。经风一吹就像一群降落伞随风飘落到很远的地方去繁殖新的一代。

　　一些生长在浅水或海边的植物，水便成了它们传播后代的帮手。苍耳、蒺藜和鬼针等植物的果实或种子身上长满了针刺或倒钩，依靠人或动物的沾钩把它们送到远方去安家落户。

喷瓜

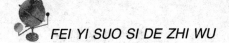

植物界还有许多"不求人"的种类。它们不靠风、不靠水、也不靠动物，而是靠自身的弹力从果实中将种子弹射出去。凤仙花的果实成熟后，果皮会自动裂开，把种子像枪弹似地喷射到 2 米远的地方去。在丰富多彩的植物界里，这种本领并非凤仙花所独有，有的植物本领比它还要大！

原产欧洲南部的喷瓜，它的果实像个大黄瓜。成熟后，生长着种子的多浆质的组织变成粘性液体，挤满果实内部，强烈地膨压着果皮。这时果实如果受到触动，就会"砰"的一声破裂，好像一个鼓足了气的皮球被刺破后的情景一样。喷瓜的这股气很猛，可把种子及粘液喷射出13～18米远。因为它的"力气"大得像放炮，所以人们又叫它"铁炮瓜"。

喷瓜属于葫芦科的植物葫芦科，原产地中海区，我国北部亦有栽培，观赏其奇异的果子，因其成熟时能将种子喷出。多年生、匍匐草本，无卷须；花黄色，单性同株，雌花单生，但在同一叶腋内常有雄花的总状花序；花冠轮状或阔钟状，5 深裂，裂片短尖；花药分离；子房长形，有胚珠多颗。喷瓜的粘液有毒，不能让它滴到眼中。

最奇特的结果习性

陆地上的植物，几乎都在地上开花，地面上结果，唯独花生是在地上开花地面下结果，所以人们叫它落花生。

花生幼苗出土以后，经过 18 ~ 25 天，就开始开花。在傍晚的时候，慢慢地显露出黄色花朵，到次日晨七点钟左右，花朵开放，当天就凋萎。开花以后的第四天，它的子房柄伸长，向土下生长，大约经过 50 天左右，果实便成熟了。

花生最古怪的脾气，就是一定要在黑暗的环境里，它的果实才能长大：如果暴露在有光的空气中，它就不结果。有人曾经做过试验，如果把已经入土的果针弄出来，它再入土的能力就减弱了。假如把已经形成的小果实挖出来，它就不再钻进土，并且不能正常生长，果壳变成淡绿色，形状像橄榄。要是在果针没有钻进土壤以前，我们用不透光的东西，把结果的部分包扎起来，它也能结成果实。从以上试验证明，要使花生果实长得好，首先要给它一个黑暗的环境。

花生为豆科作物，优质食用油主要油料品种之一，又名"落花生"或"长生果"。花生是一年生草本植物。起源于南美洲热带、亚热带地区。约于16 世纪传入我国，19 世纪末有所发展。现在全国各地均有种植，主要分布于辽宁、山东、河北、河南、江苏、福建、广东、广西、四川等省区。其中以山东省种植面积最大，产量最多。

花生的果实为荚果，通常分为大中小三种，形状有蚕茧形，串珠形和曲棍

花生

形。蚕茧形的荚果多具有种子2粒，串珠形和曲棍形的荚果，一般都具有种子3粒以上。果壳的颜色多为黄白色，也有黄褐色、褐色或黄色的，这与花生的品种及土质有关。花生果壳内的种子通称为花生米或花生仁，由种皮、子叶和胚三部分组成。种皮的颜色为淡褐色或浅红色。种皮内为两片子叶，呈乳白色或象牙色。

花生果具有很高的营养价值，内含丰富的脂肪和蛋白质。据测定花生果内脂肪含量为44%～45%，蛋白质含量为24%～36%，含糖量为20%左右。并含有硫胺素、核黄素、尼克酸等多种维生素。矿物质含量也很丰富，特别是含有人体必需的氨基酸，有促进脑细胞发育，增强记忆的功能。花生的主要功能有以下几种：

1. 促进人体的生长发育。花生中钙含量极高，钙是构成人体骨骼的主要成分，故多食花生，可以促进人体的生长发育。

2. 促进细胞发育，提高智力。花生蛋白中含十多种人体所需的氨基酸，其中赖氨酸可使儿童提高智力，谷氨酸和天门冬氨酸可促使细胞发育和增强大脑的记忆能力。

3. 抗老化，防早衰。花生中所含有的儿茶素对人体具有很强的抗老化的作用，赖氨酸也是防止过早衰老的重要成分。常食花生，有益于人体延缓衰老，故花生又有"长生果"之称。

4. 润肺止咳。花生中含有丰富的脂肪油、可以起到润肺止咳的作用，常用于久咳气喘，咯痰带血等病症。

一望无际的花生

5. 凝血止血。花生衣中含有油脂和多种维生素，并含有使凝血时间缩短的物质，能对抗纤维蛋白的溶解，有促进骨髓制造血小板的功能，对多种出血性疾病，不但有止血的作用，而且对原发病有一定的治疗作用，对人体造血功能有益。

6. 防止冠心病。花生油中含大量

的亚油酸，这种物质可使人体内胆固醇分解为胆汁酸排出体外。避免胆固醇在体内沉积，减少高胆固醇发病机会，能够防止冠心病和动脉硬化。

7. 滋血通乳。花生中含丰富的脂肪油和蛋白质，对产后乳汁不足者，有滋补气血，养血通乳作用。

8. 预防肠癌。花生纤维组织中的可溶性纤维被人体消化吸收时，会像海绵一样吸收液体和其他物质，然后膨胀成胶带体随粪便排出体外。当这些物体经过肠道时，与许多有害物质接触，吸取某些毒素，从而降低有害物质在体内的积存和所产生的毒性作用，减少肠癌发生的机会。

花生种子富含油脂，从花生仁中提取油脂呈淡黄色，透明、芳香宜人，是优质的食用油。花生油是将花生仁经过制浸而成的油。花生油属于不干燥性油，色泽淡黄，透明度好，清香可口，是优良烹调用油。花生油很难溶于乙醇，人们可以通过将花生油注入70%乙醇溶液加热至39~40.8度，看其混浊程度，来鉴定花生油是否为纯品。

维生素C含量高的水果（每份在20毫克以上）有罗马甜瓜、葡萄、柚子、柠檬、酸橙、橘子、木瓜、菠萝、草莓、柑橘等；含量中等的（每份5~20毫克）有杏子、香蕉、樱桃、芒果、桃、柿子、西瓜等；含量低的（每份在5毫克以下）有苹果、山葡萄、梨、杨梅、南瓜等。

有些不吃素菜，专挑荤菜吃的人，常会出现口臭、牙龈出血等症状，严重者会患上贫血、气管炎等疾病。这主要是缺乏维生素C所引起的。维生素C能提高人体抵抗各种疾病的免疫力，是维持人体正常机能所不可缺少的营养物质。

人体内的维生素C，主要是从新鲜蔬菜和水果中获得。由于维生素C在人体内不能储存，所以我们每天都需要吃适量的蔬菜和水果。世界上含维生素C最多的植物是刺梨，据说每100克刺梨鲜果中维生素C含量为1.5克，是猕猴桃的10倍，甜橙的50倍，梨子、苹果的500倍。所以刺梨被誉为"维生素C之王"。

刺梨5月开花，6、7、8月成长，9月成熟。刺梨从刺球般的花萼膨胀成为青果，然后逐步变成一身金黄、亮绿或斑斓。

刺梨

花开时，同伴摘下刺梨花给姑娘戴上，密密的嫩刺正好做别针，牢牢地粘住头发。粉红或大红的刺梨花与美丽俊俏的脸蛋相互映衬，花美人更美。摘下嫩叶，夹在书里，把它制成标本，互生的叶片和项叶组成了优美的曲线。

果熟时，把它摘下，刮掉芒刺，削掉果冠，咬破果实，掏尽籽粒，放进口里，一股清香沁满心脾。一嚼，清脆香甜。吃不完，带回家，一刀横切，把它放进糖水里腌后再吃，甜更厚重，香更悠长。吃刺梨也讲运气，有时你会得到一个独籽的，有时还会有无籽的，凡是这样的刺梨，肉特厚，味更纯。刺梨也不能以貌取之，有的表面像牛屎般的颜色，十分丑陋，但，这样的刺梨更清香、脆爽、甘甜。如果要喝好酒，把它处理干净，蒸熟，晒干，放进酒里，浸泡半月。酒清香、凉爽、绵甜。刺梨不但清香爽口，维生素 C 的含量在植物果实中也是最高的，有人把它做成果汁上市。

刺梨好吃不好摘。去早了，刺梨还没熟透，还有青涩味；去晚了，好的又被别人摘走。刺梨树不高大，但很蓬松，要摘到中间的刺梨是很费劲的，你挤它，树枝上的刺会扎你，你掌握的位置不准确，刺梨上的刺也要扎你。为了吃到上等的刺梨，人们搬凳子、做夹子，拿钩子。

刺梨长在山边、路旁、坎沿，它是山的花裙、路的护栏、坎的花衣。它不高大，但十分蓬勃，须根很少，主根发达。如果你将它种活培育成盆景，那是十分珍贵的。树形蓬勃，主干沧桑、根茎强劲。

种子最重的水果

海椰子树又叫塞舌尔王棕榈树，只生长在非洲的塞舌尔群岛上，雄花像男人的生殖器，足有 80 厘米长；果实则酷似少女的臀部，被认为是伊甸园的神秘植物，还经常被挂在卫生间门口用以区分男女。其果实也是世界上最大和最重的种子，一粒种子的重量可达 15 公斤。

海椰子树生长 25 至 40 年后才能开花、结果，8 年后成熟掉落。每年仅收获 1000 粒种子。海椰子属棕榈科，雌雄异株，雌雄树总是并排生长在一起，树干高耸挺拔，树叶硬而扁平，长达 6 米。雄树高达 30 米，比雌树高 6 米多，一高一低，形影不离。

海椰子生长缓慢，生长 25 年后才结果，再经过 7 年果实才成熟。一次结果几十个，能连续结果 850 年，树的寿命长达千年。雌树雄树都结果，但果实形状不一样。雌树果大而圆，横宽 35 ~ 50 厘米，重达 25 公斤，外面是海绵状纤维质，剥去外壳才是坚果。坚果好像合生在一起的两瓣椰子，所以人们又把它称为双瓣椰子或复椰子，塞舌尔人将它誉为"爱情之果"。

海椰子非常珍贵，被称为生物保护对象之一。塞舌尔政府规定海椰子为本国国宝，禁止私运出国。也许是因为远离大陆，岛上的植物都是超大型的，茂盛中还带着几分放肆，色彩更是浓郁如同高更的画。松塔有哈密瓜那么大，无忧草的叶子居然长了一尺多宽，巨大的椰子树横斜在窗前，挺拔的扶桑后面高大的凤凰树红到荼蘼，几乎遮住了半边天。身处其间，你会觉得这些生机勃勃的花花草草才是这岛上真正的主人，人不过是其中的点缀。

关于海椰子的名字由来，有这样一个传说。很久以前，一位马尔代夫渔民在印度洋上捕鱼时，从渔网里发现了一颗形状酷似女人骨盆的椰子。当时塞舌尔群岛还不为人知，人们就以为这种奇形怪状的椰子是生长在海底的一

海椰子的果实

种巨树的果实，就给它取名"海椰子"，后来在普拉兰岛的"五月山谷"里发现了一片生长着这种椰子的原始树林，才恍然大悟。

18世纪时岛上曾经有一个英国执政者对海椰子非常着迷，甚至相信"五月山谷"就是圣经里的伊甸园，而海椰子就是使得亚当夏娃失去乐园的"知识果"。如此种种给海椰子蒙上了一层神秘的面纱，以前在马尔代夫岛上，只有王公才可以收藏海椰子，平民如果私藏就会遭到断臂的处罚甚至死刑。据说当年哈布斯堡王朝名声显赫的鲁道夫二世，曾出价4000金币，都未能买进一颗海椰子果。现在海椰子仍是塞舌尔政府严加控制的商品，价格昂贵不说，外国游客若想带出境，还必须持有当地政府发的许可证。

在维多利亚的植物园就可以看到海椰子树，公树和母树总是并排生长，但是树根却纠缠在一起。公树挺拔，最高可长到30多米，一般比母树高出5、6米左右。据说如果其中一株被砍，另一株就会"殉情而死"。这般有情有义的植物，又怎能不让人唏嘘感叹，顿生怜爱之情？岛上还有许多关于海椰子的浪漫传说，据说在满月的夜晚雄性海椰子树会自行移动去和雌性椰子树共度良宵，因此人在深夜是不能进入椰子林的，以免煞了风景。

海椰树的生命力很强，能活1000多年，连续结果850年以上。海椰子比普通的椰子大得多，每个都有十几公斤，也分雌雄两种。墨绿色的果实挂在树上，无论是形状还是大小都容易使人联想到人的身体，雄椰子树的果实呈长棒形，而雌椰子树的果实呈骨盆形。塞舌尔当地厕所门口常常画着雄、雌海椰子，表示男女有别，倒也简单明白，一目了然。说到海椰子的神奇，倒也并非浪得虚名，称得上全身是宝。果子长到九个月左右，果汁香甜，可作甜食；完全成熟以后，坚硬的白色椰肉是上等的补药，有补肾壮阳之奇效，果核是贵重的工艺品原料，椰子汁味道醇美，是酿酒的好原料，据说还能治疗中风。

含热量最高的水果

谁能想象得出，对 38 种水果的研究表明，鳄梨是含热量最高的水果。每 100 克果肉中含 163 千卡热量。它还含有维生素 A、维生素 C 和维生素 E，此外它还含有 2.2% 的蛋白质。

樟科鳄梨属的一种。原产中美洲，全世界热带和亚热带地区均有种植，但以美国南部、危地马拉、墨西哥及古巴栽培最多。中国的广东、福建、台湾、云南及四川等地均有少量栽培。常绿乔木，叶互生，革质，长椭圆形、椭圆形、卵形或倒卵形，上面绿色，下面稍苍白色，密生短柔毛。聚伞状圆锥花序，多数生于小枝的下部，具梗，被短柔毛；苞片及小苞片线形，被短柔毛。花淡绿带黄色，花被两面被毛，裂片 6，长圆形，外轮 3 枚略小；能育雄蕊 9，排成轮 3，花药 4 室，退化雄蕊 3，位于最内轮，箭头状心形。核果大，肉质，通常梨形、卵形或近球形，黄绿色或红棕色。鳄梨是一种营养价值很高的水果，果肉柔软似乳酪，色黄，风味独特，含多种维生素、丰富的脂肪和蛋白质，钠、钾、镁、钙等含量也高。果仁含油量 8%～29%，油是一种不干性油，没有刺激性，酸度小，乳化后可以长久保存，除食用外，可作高级化妆品、机械润滑和医药上的润皮肤用油及软膏原料。

鳄梨对保护心血管系统健康非常有帮助。营养学家迪亚娜·巴索在委内瑞拉全国心血管疾病预防大会上说，鳄梨能提供大量不饱和脂肪，从而起到保护心血管系统的作

鳄梨

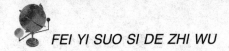

用。此外，鳄梨还含有丰富的维生素和矿物质，如果用于榨油，鳄梨油会和橄榄油一样有益健康。

巴索认为，委内瑞拉饮食可以和地中海饮食相媲美，委内瑞拉人使用的许多食品原料和调味料都对人体有益，鳄梨只是其中之一。与会专家指出，要预防心血管疾病，除保持健康饮食习惯之外，还需要进行适当的运动，有氧和无氧运动都对降低血压有帮助。

鳄梨可以作为一种营养的促进物质，使人体吸收更多有益心脏健康的物质和抗癌的营养素例如 α-胡萝卜素，β-胡萝卜素和番茄红素。这个研究是由俄亥俄州大学的研究人员进行的，主要是测试摄入鳄梨之后人体吸收营养素数量的变化，结果发现，在摄入 75 克鳄梨的条件下，人体多吸收了 8.3 倍 α-胡萝卜素，13.6 倍 β-胡萝卜素，而这些物质都是可以有助免于患心脏疾病及癌症的。同时还多吸收了 4.3 倍番茄红素，有助于眼睛健康。

热量最低的食物

蔬菜是六大类食物中热量最低的食物，煮熟的蔬菜半碗约 25 大卡，就算一餐吃两碗菜也不过 100 大卡，因此可以多吃，另外因为蔬菜富含纤维质，易有饱足感，所以多吃后可以让您少吃一些其他高热量的食物，而更容易达到限制热量的要求，但要特别注意的是，蔬菜大部分是用炒的，如果烹调用油过量，一样无法达到减肥的目的，所以多吃的蔬菜最好是无油或少油烹调的蔬菜，如：川烫、卤的、或凉拌的青菜。

虽然蔬菜也是一种碳水化合物，但是我还是把它们单独分类，这是因为他们对减肥有着特殊的好处。蔬菜的水分含量很高，这意味着他们的氧含量也很高。而你的肌肉组织要消耗体内的脂肪。就需要在氧的帮助下把脂肪转化成能量。在你吃蔬菜的时候，就是在向体内注入水分。这可以急剧地增加体内的氧，改善你的新陈代谢。

蔬菜同时也富含膳食纤维。而且以重量计算，它们是你所能找到的含热量最低的食物。因为在吃蔬菜的时候，你需要经过长时间的咀嚼才能把它们咽下去。这就给了大脑一个反应的时间。使它意识到你在吃东西。并且把"饥饿开关"关闭。一旦蔬菜进入到你的胃里，膳食纤维就会占满空间，使你很快就感到吃饱了。

蔬菜

大多数蔬菜单糖含量都很低。蔬菜几乎不含热量。这就意味着你可以随心所欲地大吃特吃，而不必担心会增加脂肪。除了可以促进减肥之外，蔬菜还是促进你身体健康的超级食品。它是维生

西红柿

素和矿物质的重要来源，现简要列举几个。

　　大西红柿也是属于蔬菜类，因其含糖量低。一个中型的大西红柿热量约只有 25 大卡，嘴馋时可以直接吃。至于坊间贩售的西红柿汁，因其加工打成汁后，吸收速率较快且升醣指数较高，因此就减肥的效果来说，西红柿汁不及新鲜的大西红柿来的好。小西红柿因含糖量高，有别于大西红柿，归在水果类，需限量食用，10~13 个小西红柿约 60 大卡，每日水果的建议摄取量约120 大卡。

　　药蒟也是富含纤维的植物性食物，热量相当低，且食用后有饱胀感。市售的蒟蒻有成块状，可以切成条状后和小黄瓜做成凉拌菜或和香菇一起卤；也有丝状，可以加点青菜和瘦肉当面条煮，都是不错的低热量食品。另外也有蒟蒻做的零嘴——蒟蒻干，热量也比一般零嘴低，嘴馋时可以吃些。

含维生素 C 最多的蔬菜

辣椒营养价值很高，堪称"蔬菜之冠"。据分析，它含有维生素 B、C、蛋白质、胡萝卜素、铁、磷、钙，以及糖等成分。每公斤辣椒中含维生素 C1050 毫克，比茄子多 35 倍，比西红柿多 9 倍，比大白菜多 3 倍，比白萝卜多 2 倍，是含维生素 C 最多的蔬菜。

辣椒草本，单叶互生，灭托叶。花两性，辐射对称，花冠合瓣，属茄科植物，原产南美洲，现我国大地区均有栽培。辣椒富含维生素 C，胡萝卜素，含蛋白质，糖类，矿物质（钙，磷，铁，硒，钴），色素（隐黄素，辣椒红素，微量辣椒玉红素），龙葵素，脂肪油，树脂，挥发油，辣味成分（辣椒碱，二氢辣椒碱，高辣椒碱等）。辣椒性味辛辣热。具有温中健胃，杀虫功效，主治胃寒食饮不振，消化不良，风湿腰痛，腮腺炎，多发性疖肿等症。辣椒素也是一种潜在的抗癌物质，抗氧化剂。

鲜尖辣椒既可作为蔬菜生食、炒食。在冬季里，用以炒辣白菜、辣豆、炸辣酱或做回锅肉等，都是人们喜欢和习惯吃的。如制成辣椒粉、辣椒末、辣椒油，还可供常年食用，是我国各地人民都非常喜爱的调味品和蔬菜。

它在我国东南沿海被叫做番椒，在四川等地则被称做辣子、辣茄、辣虎。辣椒是一种茄科植物，果实通常为圆锥形、圆形、扁圆或长圆形，未成熟时浓绿光亮，成熟后变成鲜艳的红色、黄色或紫色，以红色最常见。通常分为五个变种，即樱桃椒、圆锥椒、簇生椒、牛角椒和甜柿椒。从它们的名称很容易看出，变种的区分，在很大程度上是以果

辣椒

辣椒

实的形态和着生方式为依据的。辣椒的果实因果皮和胎座组织含有辣椒素而有辣味，但也有仅含微量或不含辣味素的甜椒（也叫灯笼椒、柿子椒）。它们是我们日常生活中多种维生素的重要来源。用于调味的干辣椒含有丰富的维生素 A，而新鲜的甜椒则含有丰富的维生素 C（抗坏血酸）。

经常吃辣椒的人都知道，食用辣椒有助消化增食欲之效。食用的方法多种多样，没有成熟的嫩果可去子油炒或盐醃作为菜肴食用，成熟后的果实可用来拌盐醃、瓶藏、分装罐头的食品，作为防腐剂兼辛辣剂。也可加工成辣椒油、辣椒酱和辣椒粉当调味品。辣椒是当今世界一种很受欢迎的作物，在温带和热带地区被大规模栽培。在温带地区，辣椒作为一年生草本作物种植，但在热带和温室栽培则为多年生灌木。从北非经阿拉伯、中亚至东南亚各国和我国西南、西北、华中是世界有名的"辣带"。辣椒的驯化，被认为是其原产地对世界调味品最重要的贡献。

辣椒原产中南美洲热带地区。野生的辣椒普遍分布于热带低洼地区和东南亚乃至我国西南的热带地区。我国发现野生辣椒较晚，20 世纪 70 年代的时候人们才在云南西双版纳原始森林中发现有野生型的小米椒。野生辣椒是古代印第安人重要的补充食物。直到当代，还有一些印第安人采集野生辣椒，拿到市场上出售。辣椒大约在公元前 2000 年就开始在南美秘鲁的一些地方被栽培。不过，因为这是一种当地印第安人普遍喜欢的食物，因此，它的驯化很可能是由不同地区的人们分别栽培不同的野生变种同时进行的；当然，也可能是某个变种首先在一个地方开始栽培后，在推广的过程中，使其他的野生变种也成为尝试栽培的对象，因而出现了多个栽培变种。

一般而言，野生辣椒的果实为红色，比较小而直立（也就是朝天椒或小米椒那种样子），还很容易脱落。经过人们长期育种选择之后，栽培种的果实都变得比较大，因此大部分品种的果实下垂，颜色也由原先的单一红色，变成多种多样，杂彩纷呈，而且不容易脱落。辣椒后来成为印第安人非常重要的作物，其重要性仅次于作为粮食作物中的玉米和木薯。可能出于这样一种原因，在印第安文化中，辣椒在宗教仪式和传奇文学中占有重要的地位。

15 世纪末，哥伦布在航行美洲时把辣椒带回欧洲，这种辛辣的作物很快受到人们的欢迎。其后它又从欧洲传到其他地方。在明代晚期（16 世纪末）辣椒开始传入我国。与番薯（甘薯）传入的年代差不多，估计也是由华侨从东南亚带回国的。由于辣椒容易栽培而且高产，不久就被当作重要的香辛蔬菜在全国普遍栽培。吴其溶在《植物名实图考》（1848 年）一书中已经记载此种蔬菜是"处处有之"。在华中、西北和西南的一些省份如江西、两湖以及四川、云南、贵州和陕西及甘肃尤其受欢迎，那些地方的人民大有每餐不可无此物之感，因之栽培极多。

如今我国辣椒的总产量已居世界之首，年产量达 2800 多万吨，约为世界辣椒产量的 46%，同时每年还以 9% 的速度增长。各种类型的栽培品种繁多。其中以云南思茅等地产的一种涮辣椒（小米椒）最辣；不辣的甜柿椒传入我国最晚，至今只有 100 多年的历史。我国现在生产的辣椒除满足国内消费外，还出口辣椒制品。尤其是陕西产的辣椒干，以其独有的"身条细长，皱纹均匀，颜色鲜红，辣味佳美"四大特点著称于世，畅销港澳地区和东南亚国家。不过，尽管我国是辣椒生产最重要的国家，但产品还是以内销为主，出口量仅占世界出口量的 8% 左右。在国外，印度、美国、南美地区都是辣椒的著名产地，印度还是辣椒的主要输出国之一。

辣椒由于叶绿果红，非常美观，所以从传入我国之日起就被当作观赏植物。无论是明末高濂的《遵生八笺》和《草花谱》，还是清初的其园林专著《花镜》都是将它作为观赏植物记述的。近年来除上述两种小辣椒被人们作为观赏植物栽培外，还有其他一些果实大型的种类，甚至甜柿椒也被培育成非常美丽的观赏植物。观赏栽培的品种不断增多，目前著称的栽培种有樱桃椒、枣形椒、七姐妹椒、小米粒椒、黑色指天椒、黄线椒、蛇形椒、风铃椒，以及红太阳、贵宾橙色、黄金、白雪紫玉、紫宝石等彩椒。

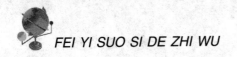

含植物蛋白质最多的农作物

蛋白质是维持生命不可缺少的营养素。在我们常见的食物中，含植物蛋白质最多恐怕就是大豆了。告诉你，每 100 克大豆中含植物蛋白质为 36.3 克。

大豆中不仅含有丰富的蛋白质，更有人体必需的营养要素和纤维素，能及时清除肠道中的有害物质，又能维护血糖平衡。另外，大豆不含胆固醇而营养价值又很高，因此被营养学家誉为"植物肉"。

大豆系荚豆科一年生草本。早在数千年前，在中国最先栽培，将它作为食物并发现其营养价值而供为食品蛋白质的来源，神农帝王把大豆列为五谷之一，古代中国药草家也提及它的某些药效，诸如肾疾病、皮肤病、脚气病、腹泻、血毒病、便秘、贫血症等的治疗。尔后经由韩国传到日本，即由素食者将豆腐带到日本使其盛行东瀛。据知目前日本有三万家以上的豆腐店，每人每年摄食豆腐 50 磅以上。有人认为长期食用豆腐是使日本成为世界最长寿的国家的原因之一。进而再传到欧洲、美国、南美洲等，尤其在美国发扬光大，使美国成为世界的大豆王国。

美国人因大豆之应用广泛，而称之为神奇的豆。今天，大豆除了直接食用外，大豆油亦是世界上使用最多的食用油脂，提油后所余之大豆粕是世界上最大宗的植物性蛋白，为所有畜产、水产养殖不可或缺的饲料原料。1920 ～1930 年间"美国大豆之父"Horvath 博士尽力推广种植大豆，并于 1925 年创立国家大豆生产者协会，更促进大豆有效生产与用途，使美国大豆大放异彩。于 1917 年在美国大豆种植面积仅为 5 万英亩，而到了 1931 年，其种植面积增加为 70 倍。目前美国大豆生产量已达约 7500 万公吨，约占世界产量的一半，嘉惠人类。除了大豆蛋白以外，大豆又提供品质良好，营养丰富的油脂（大豆油）作为价廉物美的食用油脂来源。于 1933 年在美国芝加哥举行的世界博览会、世纪大豆展，更宣导促进大豆作为饲料用、食用、工业用、广泛的用途与其地位。

在 1986 年美国饮食营养协会建议以豆腐作为学校营养午餐的替代肉类食品，并由于健康诉求与志向而更为普遍在超市销售，以应消费者的需求，同时提供豆奶给对于牛奶具有过敏性的婴儿作为替代牛奶。

在美国九成以上的大豆蛋白仍当作饲料原料，而其食用蛋白来源仍以畜禽

大豆

肉类及其加工品为主，以致摄取过量的脂肪，而肥胖者多，罹患心脏疾病者亦多，"闻油，色变"理所当然。近来，由于健康诉求而拓展大豆蛋白、植物性大豆油食品用途，诸如精制食用大豆粉（全脂或脱脂），浓缩大豆蛋白、分离大豆蛋白、组织状大豆蛋白供为食品加工之用，以期健康与营养。在食用油脂方面，大豆油占所有食用油 80% 以上的市场并开发附加价值甚高的副产品，如大豆卵磷脂、维他命 E 等供为食品或医药品。如此，大豆已成为世界上最丰富而价廉物美的蛋白质与油脂资源，确实具有高经济性与高营养性的农作物。

大豆还能最有效利用土地。据美国中央大豆公司的资料，每英亩土地供为生产牛肉、牛奶、小麦粉及大豆时，其所产生的蛋白质足以维持一个人的生活天数，依序为牛肉 77 天、牛奶 236 天、小麦粉 527 天，大豆 2224 天，由此可比较其土地利用率之高低而得悉其经济效益。

大豆的生长过程与大自然互补，在大豆植株根部生长根瘤菌，它可从空气中吸收氮而予以固定在土壤，而利于大豆或其他植物的生长，不需另施氮肥，这是大豆在农作上的一大优异特点。经采用轮耕栽培大豆可使土壤更为

大豆

肥沃，也有助于控制植物疾病。另外，它能够生长在广泛地理环境与气候中，如北纬 30 度到 49 度的广大土地范围，是一种耐寒性甚强的温带农作物，给寒带居民提供宝贵的粮食。

近年来，由于遗传基因转殖技术的发展，大豆品种改良的结果已大幅提升产量并改进其组成。新品种大豆对于某些除草剂具有显著的耐性，可让农民在选择除草剂时有更大的空间。因此可节省除草剂用量与除草人工，利于环保少用农药的需求并可提升产量，降低农作成本，农民受益良多而且消费者也可享受价廉物美的大豆及其加工食品（如大豆油、大豆蛋白及相关食品）。

遗传工程所发展的另一种革命性品种为含高油酸之大豆油，以利制造氧化稳定性甚佳的食用大豆油，供为良好的油炸油、烹调油、色拉油等。目前研发中的特殊大豆包括"低饱和脂肪酸大豆"、"高硬脂酸大豆"，将可提供加工业者更多的选择。比传统大豆油饱和脂肪酸含量更低的大豆油，以及硬脂酸含量特别高的大豆油供食品加工之用。同时又可生产含有高层次胺基酸（离胺酸及甲硫胺酸）含量的蛋白质大豆粕，提高营养需求性，或生产酥四碳糖较少的大豆或大豆蛋白食品，不胜枚举。

总之，大豆的营养价值高而且平衡良好，已成为世界性的健康食品。而且，价廉物美的大豆，其产量甚丰富，将可供解决世界粮食问题。2010 年的人口将超过 70 亿，而到了 2050 年将达 100 亿，然而人口的增加，粮食生产却无法跟上，以致人口问题及粮食问题将成为世界的挑战。大豆可能成为人类粮食的救星。

最大的洋葱

1997 年，在英国法夫郡的安斯特拉瑟，梅尔·埃德尼种植了世界上最大的洋葱头，重达 7.03 公斤。迄今为止，种植巨型蔬菜的最成功者为英男朗达镇的伯纳德·拉弗雷，他保持着多项世界纪录：最重的卷心菜（56.24 公斤），最重的胡萝卜（7.12 公斤），最重的密生西葫芦（29.25 公斤）以及最大的玉米棒（92 厘米），都是他种植的。

洋葱是百合科葱属中以肉质鳞片和鳞芽构成鳞茎的二年生草本植物，学名 Allium cepa L.，别名葱头、圆葱。染色体数 $2n = 2x = 16$。每 100 克鳞茎含水分 88.3 克左右、蛋白质约 1.80 克、碳水化合物 8.0 克、维生素 C8 毫克，并含磷、铁、钙等矿物质。因含挥发性硫化物而具有特殊的辛香味。可炒食、煮食或调味，也可加工成脱水菜，小型品种用于腌渍。洋葱在欧洲被誉为"菜中皇后"，其营养成分丰富，除不含脂肪外，含蛋白质、糖、粗纤维及钙、磷、铁、硒、胡萝卜素、硫胺素、核黄素、尼克酸、抗坏血酸等多种营养成分。

洋葱并不是块根植物，而是一种鳞茎植物。它有 500 多个亲属，而且与石蒜和百合科属有着密切的关系，因此与其说它一向是汉堡牛排的最佳伴侣，还不如说它只不过是一种开花授粉的植物。它在厨房里占支配地位，而并非用来装饰花瓶。它是一种主要蔬菜，很难指出还有哪一个国家的人尚未品尝过它那特有的辛辣味。

洋葱

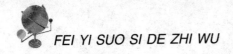

洋葱可以放在汤、沙拉、面包、炖食、蛋奶酥、蛋糕等食品中，还可以用于烤、炸、熏、蒸或生吃。除此之外，洋葱对我们的身体有益无害，因为它含有钙、铁、烟碱酸、蛋白质和维生素。

与洋葱同一类的青葱，是在 11 世纪十字军东征时从叙利亚传入法国的。这种青葱当时在法国曾享有独特的烹调荣誉。

用文火慢慢地把洋葱煮成法国洋葱汤，目前它已成为包括美国在内的许多国家的名菜汤。法国油煎圈状洋葱甚至可与法国的油炸土豆相媲美。

但是，就洋葱来说，它远远不仅味道神奇。事实上，它可能已经改变了历史的过程。当美国独立战争进入高潮期间，格兰特将军给作战部队寄去一封紧急信件，信中说："没有洋葱，我无法调遣我的部队。"翌日，满载洋葱的 3 列火车就开往前线。格兰特将军相信，洋葱可以预防痢疾和其他疾病。

5000 年前，中亚地区的人就发现洋葱具有出色的医疗功效。医药之父希波克拉底相信洋葱有益于视力。1596 年出版的《奇妙的草药》一书声称，洋葱汁可使秃顶长出头发，治疗痉挛，也可以治疗被疯狗咬伤的人。洋葱还被认为可以治疗感冒，使面色红润，消除关节炎，减轻高血压，并且有益于消化道。

研究证明，洋葱的某些医疗功能远远超过民间的传说。英国人曾经做的一些实验表明，以食用洋葱为主的病人要比食用一般食物的病人血液凝结得少。最近，美国得克萨斯州立大学的化学教授小摩西·阿特雷普和他的合作者从洋葱中分离出一种能降血压的化学物质——前列腺素 A1。

公元前 3000 年埃及陵墓上的蚀刻画把洋葱奉为神圣的物品。古代埃及人把右手放在洋葱上起誓，相信它是一种永恒的象征，因为洋葱有一层层组成的圆形体。有一种洋葱甚至还被当作神来崇拜。建造金字塔的埃及奴隶食用大量洋葱和蒜头是为了摄取食物中的能量。

在罗马，尼禄皇帝赞扬洋葱滋润了他的嗓子。在中世纪的欧洲，洋葱被认为是价值昂贵之物，常被用来当作租金付款和作为结婚礼物。

到 1570 年才有了一些关于洋葱的栽培方法、类型和烹调的描述。有些洋葱经过培育后，成为有颜色、无甜味、辣味轻淡的著名品种。例如，百慕大洋葱、西班牙洋葱和意大利红洋葱。

价格最昂贵的草

在云南曲靖地区的师宗、罗平、文山州的丘北、广南等地有一种草，它生长在阔叶林中、附生在栎树皮上，植株高约 10～20 厘米，多节，节间黑褐色，所以叫黑节草。黑节草具有清嗓、润喉、消炎等功能，对治疗声音嘶哑有特效，对此深受演员和歌唱家喜爱；用黑节草加工制成的"龙头凤尾"（又名"西风斗"）饮料在国际市场上每公斤售价 3000 多美元，出口一公斤可换回 12 吨小麦。因此，黑节草便成了价格最昂贵的草本植物。

黑节草系附生兰类，其药用价值较高，历经长期拔采，种源已临枯竭。又因森林遭受破坏，生境恶化，植株大量消失，而处于濒临灭绝的境地。

黑节草系多年生附生草本，高 10～40 厘米；茎丛生，圆柱形，直立，粗 3～6 毫米，幼嫩时淡绿色，老时暗褐绿色，有 5～13 节，稍呈暗黑绿色，节间工 1～2 厘米，有槽纹。叶互生，薄革质，窄长圆形至卵状长圆形，绿色，稍带淡紫色，长 2～5 厘米，宽 5～10 毫米，先端急尖而略钩转，两面无毛；叶鞘膜质，具紫红色斑点。总状花序呈回折状弯曲，生于无叶的茎上端，有 2～5 花，长 3～5 厘米；苞片干膜质，淡白色，披针形或阔披针形；花淡黄绿色，直径 3～4 厘米；萼壤宽圆锥形，长 2～8 毫米；唇瓣浅白色，长圆状披针形，反折，药帽白色，卵状三角形，顶端浅 2 裂，长 1.5 厘米，宽 6 毫米，先端渐尖，基部上方缢缩而使基部两侧呈肩形，后唇具紫色条纹，唇盘被短毛，其中央具一横生的紫色斑块；蕊柱和足有紫色条纹，足无毛，有消失状的齿。蒴果长 1.5～2 厘米，径粗 5～8 毫米，内藏无数细小的种子。

主要生长在中亚热带南部。分布区年平均温 16～20℃，最冷月平均温 5～10℃，冬有霜雪，极端最低温可达零下 2.4～6.1℃，年降水量 1000～1900 毫米；南盘江一带寸量偏少，为半干燥区，但旱季仍多雾露，湿度也较高，

黑节草

年平均相对湿度约80%～85%。黑节草系附生兰类，局限于山地湿润而又郁闭的原生性阔叶林中，以较发达的气根着生于满布苔藓的树干上或岩石上，生工地有经过林冠过滤的散射光以及间或从间隙透入的短暂的直身光班，为耐阴性强的阴生植物。一旦森林遭受破坏，便随着生境的恶化而消亡。分蘖力较强，常丛状生长，具有无性繁殖的性能。三年生可开花，一般花期3～4月，果熟期9～10月。往往开花多而座果率低，种子发芽率不高，影响天然下种更新，限制了种群数量的发展。

在我国主要分布于西藏定结、墨脱，云南东南部文山、砚山、广南、丘北、西畴，贵州罗甸、兴义、安龙、贞丰、册亨、荔波、独山、从江、黎平、榕江、长顺、正安、江口，广西平乐、永福、宜山、南丹、东兰、隆林、西林、巴马等县。

云南西畴县小桥沟已被划为自然保护区，应重点进地保护。建议其他分布区的黑节草严禁整株拔采，杜绝有关部门进行盲目收购并大力发展。

最会"闻乐起舞"的植物

　　1983年秋，广西融安县大巷乡新安村余家寨退伍军人余德堂，在融水苗族自治县的元宝山采药时，发现两株植物的叶子无风自动，仿佛会跳舞一样，十分稀奇好看，便挖回家里栽植。经过精心培育，当年就开花结籽了。

　　其实，这种会跳舞的植物，是生长在我国南方的山坡野地里一种叫"跳舞草"、"舞草"的植物。此外，在印度、斯里兰卡等热带地区也有生长。

　　跳舞草是蝶形花科、山绿豆属多年生落叶灌木。高约五六十厘米，茎干粗若拇指。秋天开花结果，冬天落叶。花似唇形，粉红色。结籽黑褐色，外壳坚硬，壳外有一层发亮的蜡质物包裹，蜡质物有芬芳香味。它的枝干上每个叶柄顶端有一片大叶子，大叶子后面对称长着两片小叶。这些叶子对阳光特别敏感，一旦受到阳光照射，后面的两片小叶就会迎着太阳一刻不停地绕着叶柄翩翩起舞，从太阳东升一直舞到夕阳西下，它才疲倦地顺着枝干倒垂下来，开始休息，直到第二天太阳出来，它又开始跳舞。

　　跳舞草的"舞蹈动作"与气温高低还有十分密切的关系。当太阳升起，气温达到10℃时，两片小叶在无风的情况下，会自动以叶柄为轴，围绕着大叶舞动，旋转一圈后快速弹回，然后再旋转再弹回，日夜不停。有时又作上下方向摆动，时快时慢，颇有节奏。而叶柄和大叶则纹丝不动。据观察，随着气温的升高，小叶的转动速度加快。当气温升到30℃时，小叶转动最为活跃。即使是阴天，它的小叶也会像蜻蜓或蝴蝶在花丛

跳舞草

跳舞草

中翩翩起舞那样摆动旋转，妙趣横生。有人说它像鸡毛一样飘动。因此叫它"鸡毛草"。

有人看它有如鸳鸯相戏，又似丹凤求凰，所以称之"风流草"。民间说它跳得迷人魂魂，又叫"迷魂草"。也有人见它两片小叶永远无限忠诚地围绕大叶舞动，似忠臣保卫君主，便又称之为"二将保皇"。

跳舞草不但舞姿好看迷人，还可入药，对接骨、镇静、风湿等症均有较好的疗效，因此很多人开始人工栽培跳舞草。

跳舞草的生长与自然环境中的各项因素有密切关系，在温度、光照、水分、培养介质等因素中，由于各地气候相差悬殊，当在自然条件下播种时，要根据跳舞草的习性，在认真研究当地四季的气候状况后，确定播种时机。若室内使用空调或暖气来调节气温，种植将不受季节影响。

结构最奇特的吃虫植物

猪笼草是食虫类的常绿半灌木，高约 3 米。它长有奇特的叶子，基部扁平，中部很细，中脉延伸成卷须，卷须的顶端挂着一个长圆形的"捕虫瓶"，瓶口有盖，能开能关。因外形如运猪用的笼子，因此得名。

捕虫瓶的构造比较特殊，瓶子的内壁有很多蜡质，非常光滑；中部到底部的内壁上约有 100 万个消化腺，能分泌大量无色透明、稍带香味的酸性消化液，这种消化液中含有能使昆虫麻痹、中毒的胺和毒芹碱。平时，捕虫瓶内总盛有半瓶左右的这种消化液。同时，在捕虫瓶的瓶盖内侧和边缘部分有许多蜜腺，能分泌出又香又甜的蜜汁，能诱惑昆虫。当捕虫瓶敞开着这蜜罐盖时，便会招来许多贪吃的小昆虫，一旦小虫掉进捕虫瓶里，瓶盖马上自动关闭，昆虫很快中毒死亡。不久，所有的肢体都被消化变成猪笼草的营养被

猪笼草

吸收。接着"蜜罐"盖又会打开，等待捕捉下一个猎物。猪笼草喜欢在向阳的潮湿地带生活，如果生长的土地过于干燥，它就不会长出捕虫瓶。

猪笼草又名猪仔笼，为猪笼草科猪笼草属植物。具有观赏价值的多年生半木质长绿藤本植物猪笼草，其美丽的叶笼特别诱人，是目前食虫植物中最受人青睐的种类。猪笼草是最典型的食虫植物，为热带食虫植物的代表种。它形态构造奇特，捕虫能力很强，一个叶片的袋内捕食各种虫子可达上百只，是消灭各种蚊蝇、蚁类等家庭卫生害虫的绿色卫士。

猪笼草原产东南亚和澳大利亚的热带地区。1789 年引种到英国，然后在欧洲的主要植物园内栽培观赏。1882 年育成了第一种猪笼草——绯红猪笼草。1911 年又选育了库氏猪笼草。到了 20 世纪中叶，猪笼草的育种、繁殖和生产开始产业化，并进入家庭观赏。自 20 世纪 90 年代以来，美国、日本、法国、德国、澳大利亚等国成立了国际食虫植物协会。

猪笼草虽然在我国的广东等地有野生分布，但很少应用。直到 20 世纪 80 年代以后，从国外引进了猪笼草优良品种，主要用于花卉展览。如何让有趣的猪笼草进入千家万户，并成为我国盆栽花卉之一，不失为猪笼草的一个发展方向。

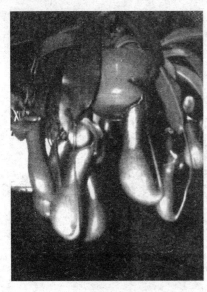

猪笼草

猪笼草为多年生草本。叶互生，长椭圆形，全缘。中脉延长为卷须，末端有一小叶笼，叶笼小瓶状，瓶口边缘厚，上有盖，成长时盖张开，不能再闭合，笼色以绿色为主，有褐色或红色的斑点和条纹。雌雄异株，总状花序。

常见同属种类有瓶状猪笼草，叶笼短，黄绿色。二距猪笼草，叶披针形，笼面深绿色。绯红猪笼草，笼面黄绿色，具褐红色斑条。库氏猪笼草，叶笼短，黄绿色，具红褐色斑条。中间猪笼草，笼面绿色，具淡紫红斑点。劳氏猪笼草，笼面黄

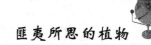

绿色，具褐色斑点。奇异猪笼草，笼面黄绿色，叶笼上口具红晕。拉弗尔斯猪笼草，笼面黄绿色，具淡紫褐色斑点。大猪笼草，叶笼大，长30厘米，笼面红褐色，具绿色条纹。血红猪笼草，笼面淡红色。狭叶猪笼草，笼面褐绿色，具红色斑点，叶笼长15~18厘米，宽3~4厘米。华丽猪笼草，笼面黄绿色，具深红色条纹斑。长柔猪笼草，笼面红褐色。

猪笼草的生长适温为25℃~30℃，3~9月为21℃~30℃，9月至翌年3月为18℃~24℃。冬季温度不低于16℃，15℃以下植株停止生长，10℃以下温度会使叶片边缘遭受冻害。

猪笼草对水分的反应比较敏感。猪笼草在高湿条件下才能正常生长发育，生长期需经常喷水，每天需4~5次。如果温度变化大，过于干燥，都会影响叶笼的形成。

猪笼草为附生性植物，常生长在大树林下或岩石的北边，自然条件属半阴。夏季强光直射下，必须遮阴，否则叶片易灼伤，直接影响叶笼的发育。但长期在阴暗的条件下，叶笼形成慢而小，笼面彩色暗淡。土壤以疏松、肥沃和透气的腐叶土或泥炭土为好。盆栽上常用泥炭土、水苔、木炭和冷杉树皮屑的混合基质。

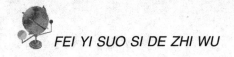

对地震最敏感的植物

　　鱼浮水面、鸭不下水、鸡上房顶、老鼠搬家、猪不进圈……这些动物出现的异常现象，已被大量的事实证明是地震前动物特有的反应。这种现象早已被科学家们用来作为预测地震的一种方式。科学家们通过研究又发现，在大的地震发生以前，植物也会有异常反应。在地震的孕育过程中一会产生地湿、地下水及地磁场等一系列的物理和化学变化，环境的变化，会使植物的生长产生相应的变化。为此，当植物有不正常的开花、结果甚至大面积死亡等异常现象出现时，就是一种无声的地震预报，这种预报比动物对地震异常反应的时间更早、更久，有利于人们及早采取相应的对策。

　　云南西双版纳、德宏等地区的含羞草就是这样一种对地震颇为敏感的植物。

　　含羞草，又称知羞草、怕痒花和惧内草。是一种豆科草本植物，茎基部木质化，在亚热带地区为多年生。含羞草枝上有锐刺，茎直立，也有蔓生的。叶为羽状复叶，对生，总叶柄上着生羽叶 4 个，每个羽叶上由 14～18 枚小叶组成，小叶为矩圆形。花淡粉红色，花期 7～10 月，果为荚果，种子呈扁圆形。

含羞草

　　含羞草的叶子具有相当长的叶柄，柄的前端分出四根羽轴，每一根羽轴上着生两排长椭圆形的小羽片。花，粉红色，头状花序。含羞草被触摸后，先是小羽片一片片闭合起来，四根羽轴接着也合拢了，然后整个叶柄都下垂。

　　含羞草常见于路旁、空地等开阔场所。全株皆可入药，根部泡酒服用或与酒一起煎服，可治风湿痛、神经衰弱、失眠等；与瘦猪肉一起炖煮食用，可治疗眼热肿痛、肝炎和肾脏炎；叶片的鲜品捣烂，可敷治肿痛及带状疱疹等，颇具止痛消肿之效。

含羞草原产于南美热带地区，喜温暖湿润，对土壤要求不严，喜光，但又能耐半阴，故可作室内盆

含羞草

花赏玩。含羞草小叶细小，羽状排列，用手触小叶，小叶接受刺激后，即会合拢，如震动力大，可使刺激传至全叶，则总叶柄也会下垂，甚至也可传递到相邻叶片使其叶柄下垂，仿佛姑娘怕羞而低垂粉面，故名含羞草。那么是不是真的叶子怕羞呢？当然不是。

含羞草为什么会"含羞"呢？含羞草的叶柄基部和复叶基部，都有一个膨大部分，叫作叶枕。叶枕中心有一个维管束，周围有许多薄壁细胞。在平时，每一个细胞中都充满了足够的水分，因而膨胀，使叶枕挺立着，所以叶片舒展，但一旦受到刺激，叶枕细胞所含的水就流到细胞间隙中，于是叶枕就发生萎软现象，叶片也就随之闭合下垂。含羞草的老家在热带美洲，那里常有暴风骤雨，含羞草的这种"含羞"特性，十分有利于保护自己，免遭风雨摧折；又似窗前羞涩的少女，一遇生人便立即关闭窗户，颇具趣味性、观赏性。

含羞草的叶子平常在白天是横着呈水平张开，夜里呈合闭状态。这种草因对环境影响很敏感，当触及到人们的手、足、衣物或呼出的气体时，它的叶子会怕羞似的很快合抱起来，不让人们看清它的叶体。

含羞草不仅对人体非常敏感，对地震现象也很敏感，在大的地震到来之前，含羞草的叶子会一反常规：白天不呈张开状态反而成合闭状态，夜间不呈合闭状态反而呈半开或全开状态。科学家们发现，当这种叶片状态发生异常变化时，就预示着这一带地区将发生较大的地震。

最硬的树种

在植物界里，有一种刀斧难入的树种。由于它的材质硬，难锯，难刨，用斧头劈它时竟会进出火星。所以，人们称它为铁刀木。铁刀木的硬度可达每平方厘米 656~698 公斤。它的木材外围是黄色或白色，而中心部分是褐色或紫黑色，若露于空气中，则几乎成黑色，犹如铁石，因此也称它为"黑心木"，它是世界上最硬的树种。

铁刀木属于苏木科决明属常绿乔木，因材质坚硬刀斧难入而得名。在中国福建、台湾、广东、海南、广西和云南均有种植。材质中等至坚重，纹理直，结构略粗，是建筑和制作家具、乐器的良材；易燃，火力强，生长快，萌芽力强，是薪炭林、用材林的优良树种；叶茂花美，病虫少，还是良好的行道树与防护林树种；树皮、荚果制取栲胶；枝上放养紫胶虫，生产紫胶。树高达 20 米。偶数羽状复叶，小叶 6~11 对，薄革质，长椭圆形。花为伞房状总状花序，腋生或顶生，排成圆锥状，黄色。荚果条状，扁平，种子扁平。喜光，不耐蔽荫。喜温，在年平均气温 21~24℃，极端最低气温在 2℃ 以上的热带地区生长最适宜。对土壤要求不严，在中国热带及南亚热带的硅红壤、红壤的分布范围内、排水良好的山地、平原均可造林；可直播造林。栽植造林一般用 1~2 年生苗木。萌芽力强，适于薪炭林的头木作业，通常 3 年采薪一次，可连续利用数十年。其特点有：

1. 树冠整齐宽广，花期长，叶茂花黄，病虫害少，是优秀的庭园绿荫树或行道树与防护林树种；

2. 材质中等至坚重，纹理直，是高级家具、建筑、乐器、薪炭用材林树种。

3. 铁刀木的叶子，是某些蝴蝶的食物来源。台湾高雄县的"黄蝶翠谷"

铁刀木

自然生态景观，是广种铁刀木而吸引大量的淡黄蝴蝶栖息所形成的自然景观。

铁刀木，其风格恰如其名。坚毅刚硬，古朴厚重，现代气息与历史风韵完美交融，时尚风味与文化内涵有机结合，符合潮流而又不失正统，巍然大气而又含蓄蕴藉，实在是科技木产品的又一款经典之作。

铁刀木心材常见的有暗褐色和紫黑色两种，材质坚硬而重，似铁色如刀质，故有此名。暗褐色褐紫黑色是一种具有高贵、华美、厚重特点的颜色，沉稳、含蓄、内敛。而其坚硬的质地与颜色又很好地配合在一起，可谓相得益彰，共同阐述着铁刀木卓尔不群、风华绝代之风格。

铁刀木的花纹常见的有通直褐相互交错着的两种。一种在深色的表面，纹路虽则朦胧隐约，但也可辨齐整划一，洒脱、干净、利落；还有一种花纹柔软轻盈，呈鸡翅的羽毛状，纤细、环绕，故也称铁刀木为"鸡翅木"。同时还像风吹湖面荡起的涟漪，细碎美丽，让铁刀木在厚实中又平添了几分轻灵，在沉静中又多了几许活泼。

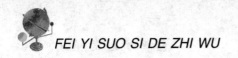
最不怕火烧的树

中国南海的海松树和南非洲的水瓶树，一旦发生火灾，最多叶子被烧掉，来年照样发新叶，正常开花结果。

南海一带，生长着海松树，用它的木材做成烟斗，即使是成年累月的烟熏火烧，也烧不坏。当人们用一根头发绕在烟斗柄上，用火柴去烧时，头发居然烧不断。因为海松的散热能力特别强，加上它木质坚硬，特别耐高温，所以不怕火烧。

长在非洲南部的水瓶树，高大粗壮，主干高达几十米，直径2米多，远看酷似一个巨大的啤酒瓶。此树除"瓶口"有稀少的枝条树叶外，其他别无分枝。所有的水分集中贮存在树干里，藏量可达一吨左右，所以水瓶树既不怕干旱，也不怕火烧，即使附近的灌木丛林都烧光了，它依然如故，最多只是毁损一些枝条树叶，次年雨季一到，又会长枝长叶。

"一点星星火，能毁万顷林"。火灾是破坏森林植被的主要元凶，是森林的大敌，人类曾为扑救森林火灾付出巨大的代价。1978年大兴安岭林区火灾，人们至今记忆犹新。森林火灾重在预防，而森林防火又是一门涉及多专业、多学科的综合性工作。在与火魔长期的斗争中，人类发现有不少绿色物能有效阻止大火蔓延，是天然的"消防员"。

木荷就是其中一位，它是防火树种中的佼佼者，素有"烧不死"之

木荷

称。木荷的防火本领具体表现在以下几个方面：一是草质的树叶含水量达42% 左右，也就是说，在它的树叶成分中，有将近一半是水分。这种含水超群的特性，使得一般的山火奈何不了它。二是它树冠高大，叶子浓密。一条由木荷树组成的林带，就像一堵高大的防火墙，能将熊熊大火阻断隔离。三是它的种子轻薄，扩散能力强。木荷种子薄如纸，每公斤达 20 多万粒。种子成熟后，能在自然条件下随风飘播 60 至 100 米，这就为它扩大繁殖奠定了基础。四是它有很强的适应性。既能单树种形成防火带，又能混生于松、杉、樟等林木之中，起到局部防燃阻火的作用。五是木质坚硬，再生能力强。坚硬的木质增强了它的拒火能力，更惊奇的是，即使头年过火，被烧伤的木荷树第二年就萌发出新枝叶，恢复生机。这种林木主产于我国中部至南部的广大山区，既是良好的用材林，又是美丽的观赏林，但人类越来越欣赏它的防火特长。有的将它混种于其他林木之中，有的以它为主体，种成防火林带，均收到了良好效果。

生长在澳大利亚西部特贝城镇内的喷水树，树根粗壮繁密，它们犹如一台台安装在地下的抽水泵，而粗壮的树干就成了贮水罐。一旦附近发生火情，消防人员只要在树干挖一个小洞，树干中的水就会像自来水一样自动喷出，供人们应急灭火。

纺锤树生长在旱季特长的南美洲巴西东部。此树天生两头细，中间粗，酷似一只大纺锤。由于此树只长稀疏的几根树杈，远看既像一根大萝卜，又像一个大花瓶，所以又叫萝卜树、花瓶树。一株 30 米高的树，体内可贮 2 吨多水，素有"植物水塔"的美誉，为巴西的珍奇树种之一。

不久前，科学家在非洲的安哥拉的密林中还发现生长着一种奇怪的树木——"梓柯树"。这种树的树杈上生长着馒头大的节苞，节苞里充满了像水那样透明的液汁，节苞表面有密密麻麻的细小的网眼。让人惊叹的是，它不仅不怕火烧，还拥有"自动灭火器"。一旦遇到周围起火，梓柯树就会把节苞里的液汁喷射出来，扑灭火苗。

有一位科学家曾亲身领教过这种树对火的敏感性，他有意在一棵梓柯树下，用打火机点火吸烟，当他的打火机中的火光一闪，顿时从树中喷出无数

木荷

白色的液体泡沫，劈头盖脸地朝这位科学家的头上身上扑来，打火机的火焰被立刻熄灭，而这位科学家也从头到脚都是白沫，浑身湿透，狼狈不堪。

经化学家分析，这些液体中含有大量的四氯化碳。梓柯树对火特别敏感，只要它的附近出火光，梓柯树立刻会对节苞发出命令，而节苞马上会喷射出液体泡沫，把火焰扑灭，保证自己周围的林木不受火灾的危害。生物学家估计，这种特殊"灭火"本领可能是一种遗传下来的保护自身的植物生理机能。我们现时所用的灭火筒，大多数灭火剂就是四氯化碳。这种树竟然比人类更先使用了化学灭火剂。

人们称这种神奇的梓柯树为森林火灾的克星，它真不愧是森林火灾的模范"消防员"。

在美国，经过对大量树木进行耐热和抗火试验，以及经过长期的筛选和认真的培育，最后选出了14种不易燃烧的树木，按一定比例、方式栽培在森林里，就能成为防止森林火灾的天然屏障。在我国的三明市，林业工作者指导广大群众在林间山脊处营造耐火性强的木荷、火力楠、阿丁香等树种做防护林带。在山脚林地四周，营造比较耐火的金桔、杨梅、棕榈、油茶、茶叶等经济林，做防护林带，不仅获得较好经济效益，同时，对阻隔和控制森林火灾的蔓延都已取得了明显的效果。广东省已建成以木荷为主的生物防火林带，在全省形成木荷化、网络化的生物防火格局，为我国发展生物防护林，提供了良好的经验，值得推广。

最毒的树

在两个世纪前，爪哇有个酋长用涂有一种树的乳汁的针，刺扎"犯人"的胸部做实验，不一会儿，"犯人"窒息而死，从此这种树闻名全世界。我国给这种树取名"见血封喉"，形容它毒性的猛烈。这种树体含白色乳汁，汁液有剧毒，能使人心脏停跳眼睛失明。它的毒性远远超过有剧毒的巴豆和苦杏仁等，因此，被人们认为是世界上最毒的树木。

不过，人们最初认识这种植物，是在付出了惨重的血的代价之后。

1895 年，英国殖民军入侵波罗州（今加里曼丹岛），凭借先进的火器，迫使土著人退入丛林中，当英国人向丛林中追击时，却遭到了箭矢的袭击。英国人根本就没把这种用芦苇削成的箭放在眼里，它细细薄薄，几乎没有什么杀伤力，射在身上，充其量就是划破点皮肤而已。英国人勇气百倍地呐喊着，继续向前冲去。

哪里知道，冲不多远，那些中过箭的士兵却陆续倒了下去，在地上抽搐起来，不久，就口吐白沫停止了呼吸。这使英国人大为恐慌，赶忙退出丛林，逃了回去。

后来，英国人才知道，在波罗洲生长着一种中加布树的桑科植物。这种树的树皮，枝条一旦破裂，就会流出剧毒的白色乳汁，人、兽如果不小心眼中滴进乳汁，两眼顿时失明；皮肤破了，沾上了乳汁，会使血液凝固，心脏停止跳动。当地土著居民常用这种树汁涂

见血封喉树

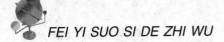

在箭矢上，用于捕杀猛兽。这次他们用来对付英国人的，正是这种致命的毒箭。

像这类能制毒箭的箭毒木，我国西双版纳和海南岛等热带丛林中也可见到，叫做"见血封喉"。相传在西双版纳，最早发现箭毒木汁液含有剧毒的是一位傣族猎人。这位傣族猎人在一次狩猎时被一只狗熊紧逼而被迫爬上一棵大树，而狗熊也跟着爬上树来。猎人折断一枝杈刺向狗熊的嘴里。奇迹发生了，狗熊立即倒毙。从那以后，西双版纳的傣族猎人在狩猎前，常把箭毒木的汁液涂在箭头上，制成毒箭来对抗猛兽的侵害，凡被猎人射中的野兽，只能走上三五步就会倒毙。每逢人们提到箭毒木时，往往是"谈树色变"，把它称为"死亡之树"。

箭毒木是一种桑科植物。傣语叫"戈贡"，学名为 Antiaris tocicaria，是一种落叶乔木，树干粗壮高大，树皮很厚，既能开花，也会结果；果子是肉质的，成熟时呈紫红色。

箭毒木的杆、枝、叶子等都含有剧毒的白浆。用这种毒浆（特别是以几种毒药掺合）涂在箭头上，箭头一旦射中野兽，野兽很快就会因鲜血凝固而倒毙。如果不小心将此液溅进眼里，可以使眼睛顿时失明，甚至这种树在燃烧时，烟气入眼里，也会引起失明。

箭毒木

当地民谚云："七上八下九不活"，意为被毒箭射中的野兽，在逃窜时若是走上坡路，最多只能跑上七步；走下坡路最多只能跑八步，跑第九步时就要毙命。人身上若是破皮出血，沾上箭毒木的汁液后，也会很快死亡。用毒箭射死的野兽，不管是老虎、豹子，还是其他野兽，它的肉是不能吃的，否则，人也会中毒而死去。因此，西双版纳的各少数民族，平时狩猎一般是不用毒箭的。见血封喉的毒液成份是见血封喉甙，具有强心，加速心律、增加

见血封喉

心血输出量作用，在医药学上有研究价值和开发价值。

有意思的是，由于见血封喉的树皮厚而富含纤维，生活在西双版纳的傣族人民还用它来做"毯子"。因为见血封喉虽有剧毒，但其树皮厚，纤维多，且纤维柔软而富弹性，是做褥垫的上等材料。西双版纳的各族群众把它伐倒浸入水中，除去毒液后，剥下它的树皮捶松、晒干，用来做床上的褥垫，舒适又耐用，睡上几十年也还具有很好的弹性。如果将纤维撕开后进一步加工，还能织成布，傣族妇女可用它来制作美丽的筒裙。

箭毒木是稀有树种，分布在云南和广东广西等少数地区，在东南亚和印度也有，是我国的热带雨林的主要树种之一。随着森林不断受到破坏，植株也逐年减少。

除了箭毒木外，还有一些树也很毒。美洲巴拿马运河两岸，有一种叫"希波马耶·曼西奈拉"的树，它的含毒量也不低。连从它枝叶上跌落下来的雨滴掉在人的皮肤上，也会引起皮肤发炎。

质量最轻的树

生长在美洲热带森林里木棉科大乔木的轻木，也叫巴沙木，是生长最快的树木之一，也是世界上最轻的木材。这种树四季常青，树干高大。叶子像梧桐，五片黄白色的花瓣像芙蓉花，果实裂开像棉花。我国台湾南部早就引种。1960 年起，在广东、福建等地也都广泛栽培，并且长得很好。

轻木又称百色木，属于木棉科、轻木属。是一种常绿乔木。一株 10 ~ 12 年生的轻木商可达 16 ~ 18 米，胸围 1.5 ~ 1.8 米。其树干挺直、树皮栋褐色。其宽心脏形，片片单叶在枝条上交互排列，叶的边缘具有棱状的深裂。花长得很大，是白色的，着生在树冠的上层。果实称作蒴果，长圆形，里面有绵状的簇毛，由 5 个果瓣构成。种子是倒卵形的，呈淡红色或咖啡色，外面密被绒毛，犹如棉花籽一样。

轻木

轻木生长非常迅速。一年就可高达 5 ~ 6 米，胸围 30 ~ 40 厘米。由于它休内细胞组织更新很快，又不会产生木质化，所以不论是根、树干、枝子各部分都显得异常轻软而且有弹性。

这种树木比用来作软木塞的栓皮栋还要轻两倍。一根长 10 米，合抱粗的轻木，就连一个妇女也能轻易地把它扛起来。干燥的轻木比重只有 0.1 ~ 0.2，由于它导热系数低，物理性能好，既隔热，又隔音，因此是绝缘材料、隔音设备、救生胸带、水上浮标及制造飞机的良材。又由于其木材容量最小，不易变形，体积稳定性较好，材质均匀，容易加工，因此也可制作各种展览模型及塑料贴面。此外，其种毛尚可作枕、褥的填充材料。

轻木的木材，每立方厘米只有 0.1 克重，是同体积水的重量的十分之一，每立方米仅重 115 公斤。一个正常的成年人可以抬起约等于自身体积 8 倍的轻木。轻木不仅木材特别轻，木质细白，虫不吃，蚁不蛀，而且生长迅速，树干又高又直，分枝少，叶片大而圆。在热带雨林里，它宛若着紧身短衣筒裙、系银腰带、撑着绿纸伞的傣族少女，窈窕美丽，亭亭玉立。

据说，15 世纪时哥伦布首先发现了美洲新大陆。从那以后，欧洲殖民者争先恐后地派军队占领美洲地盘。西班牙军队到厄瓜多尔时，军人们看到在流往萨摩岛的奔腾咆哮的河流中，有七个土著姑娘乘着一种特殊木头扎成的木筏，冒着狂涛激浪漂流而下，木筏时而在浪尖上，时而沉入水花中，但始终都不会沉没，感到十分惊奇。后来，军人们还发现，这种木头特别轻，防腐性能好，当地手工艺人用它制造出的各种各样的生活用具和工艺品，很受人们欢迎，往往供不应求。于是，西班牙军人第一次把这种木材叫做轻木。后来，轻木被运到西班牙乃至整个欧洲，并逐渐在全世界传播开来。

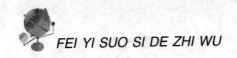

生长最快与最慢的树

　　自然界树木生长的速度，真是千差万别，有的快得惊人，有的慢得出奇。例如在苏联的喀拉哈里沙漠中，有一种名叫尔威兹加树，个子很矮，整个树冠是圆形的，要是从正面看上去，就像是沙地上的小圆桌。它的升高速度慢极了，100 年才长高 30 厘米。要是和毛竹的生长速度相比，真像老牛追汽车。尔威兹加树要长 333 年，才能达到毛竹一天生长的高度。尔威兹加树生长为什么如此慢呢？除了它的本性以外，主要是沙漠中雨水稀少，天气干旱，风又大，这些因素不利于它的快速生长。

　　生长在我国云南、广西及东南亚一带的团花树，一年能长高 3.5 米，被称为"奇迹树"。生长在中南美洲的轻木，要比团花树长得更快，它一年能长高 5 米。但是，木本植物生长速度的绝对冠军要算是毛竹。它从出笋到竹子长成，只要两个月的时间，就高达 20 米，大约有六七层楼房那么高。生长高峰的时候，一昼夜能升高 1 米。因此，有"雨后春笋"的说法。

　　毛竹又称楠竹。毛竹生长快、成材早、产量高、用途广。造林五到十年后，就可年年砍伐利用。一株毛竹从出笋到成竹只需两个月左右的时间，当年即可砍作造纸原料。若作竹材原料，也只需三至六年的加固生长就可砍伐利用。经营好的竹林，除竹笋等竹副产品外，每亩可年产竹材 1500 ~ 2000 公斤。

　　我国早在殷商时代就有用竹编制竹器等的习惯和经验，用竹子造房在我国也有两千多年的历史；在现代建筑工程中，毛竹被广泛用来架设工棚和脚手架；毛竹还是造纸和人造丝的优良原料；竹材劈成的薄篾可编制成很多生产工具、生活用品和工艺品，竹竿、竹片可制成竹床、竹椅及通风保健席等；近年来，竹胶合板的开拓制品更具市场引力。此外，竹枝、竹鞭、竹箨、竹根、竹兜等都可加工成很具经济价值的竹工艺品。毛竹笋营养丰富、味道鲜美，是我国的传统佳肴，且作为一种保健食品制成的各种笋干、笋罐头已畅销国内外。故毛竹具有很大的国际、国内市场潜力。毛竹鞭根发达，纵横交错，栽植在江堤、湖岸有固土防冲作用。竹林四季常青，挺拔秀丽，是绿化的优良树种。

毛竹是多年生常绿乔木植物，但其生长发育不同于一般乔木树种，它是由地下部分的鞭、根、芽和地上部分的秆、枝、叶组成的有机体。毛竹不仅具有根

毛竹

的向地性生长和秆的反向地性生长，而且具有鞭（地下茎）的横向性地起伏生长。竹竿寿命短，开花周期长，没有次生生长，竹鞭具有强大的分生繁殖能力。竹鞭一般分布在土壤上层 15~40 厘米的范围，每节有一个侧芽，可以发育成笋或发育成新的竹鞭。壮龄竹鞭上的部分肥壮侧芽在每年夏末秋初开始萌动分化为笋芽，到初冬笋体肥大，笋壳（箨）呈黄色，被有绒毛，称冬笋。

冬季低温时期，竹笋在土内处于休眠状态，到了第二年春季温度回升时，又继续生长出土，称为春笋。春笋的笋壳为紫褐色，有黑色斑点，满生粗毛。春笋中一些生长健壮的，经过竹笋—幼竹 40~50 天的生长过程后，竹竿上部开始抽枝展叶而成为新竹。新竹第二年春全株换叶一次，以后每两年换叶一次，每换叶一次称为一"度"。新竹经过 2~5 年生理代谢，抽鞭发笋能力强、竹竿材质处于增进期的幼—壮龄竹阶段；再经过 6~8 年的竹竿材质生长达到力学强度稳定的中龄竹阶段；9 年以上的竹将出现生活力衰退的下降趋势，进入老龄竹阶段。故在毛竹林培育上，应留养幼—壮龄竹，砍伐中、老龄竹。

毛竹也会开花结实，这是正常的生理现象，是成熟衰老的象征。毛竹开化一年四季都可能发生，开花一般持续 3~5 年。毛竹开花是竹林生产上的巨

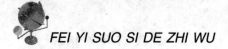

大威胁，应设法防止。

毛竹是多年生常绿树种。根系集中稠密，竹竿生长快，生长量大。因此，要求温暖湿润的气候条件，年平均温度 15～20℃，年降水量为 1200～1800 毫米。对土壤的要求也高于一般树种，既需要充裕的水湿条件，又不耐积水淹浸。板岩、页岩、花岗岩、砂岩等母岩发育的中、厚层肥沃酸性的红壤、黄红壤、黄壤上分布多，生长良好。在土质粘重而干燥的网纹红壤及林地积水、地下水位过高的地方则生长不良。在造林地选择上应选择背风向南的山谷、山麓、山腰地带；土壤深度在 50 厘米以上；肥沃、湿润、排水和透气性良好的酸性砂质土或砂质壤土的地方。

竹子的生长比较特别，它是一节节拉长。竹笋有多少节和多粗，长成的竹子就有多少节和多粗。一旦竹子长成，就不再长高了。而所有树木的生长，是在幼嫩的芽尖，慢慢加粗伸长，经几十年至几百年，它还会慢慢地加粗长高。

最凶猛的吃人树

大自然是千奇百怪的，谁会想到，整天"站立"不动的树木居然也有会"吃"人的。

最早报道"吃人树"的，是19世纪后半叶的一些探险家，其中有位名叫卡尔·李赫的德国探险家。他在一次深险归来后，于1881年在马达加斯加的《安塔那那利佛年报》上刊登了一篇文章，介绍他在马达加斯加遇到"吃人树"的亲身经历。

卡尔·李赫自称他进入非洲这个岛上的姆科多部落，在那里看到当地居民奉为"神树"的捷柏。黑褐色的树干上长满铁硬的刺，树上长有八片叶子，叶片上长着钩子，能收合和张开。有一次，姆科多人带他到一个密林空地上，人们跳起部族宗教舞蹈，像过什么节日似的。这时一名据说违反了部族戒律的土著妇女，被逼迫到捷柏树下，又被驱赶着爬上神树，开始喝捷柏树的粘液。这时，树就像睡醒了似的，叶子伸展开来，像手一样扬起来，其中一片抱住了妇女的头。树下的姆科多人看到此情景，跳啊，喊叫啊，声音一浪高过一浪。正当他们神魂颠倒时，捷柏树的叶子全部直竖起来，八片带钩的叶子合拢，形成一大朵花，将她紧紧包裹在里面。过了不久，顺着树干流出鲜血的液体，这是女人的鲜血和这棵"吃人树"的粘液掺合物。这时，姆科多人发狂似的，你拥我推地奔向捷

吃人树

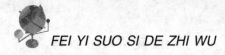

柏树，品尝这耸人听闻的"鸡尾酒"。人人喝醉了似的乱蹦乱跳，庆祝这残酷的"酒神节"。几天后，树叶重新打开，从里面掉下一堆白骨。从此之后，"吃人树"的传闻便风行开来。

在印度尼亚的爪哇岛上，还生长着一种可怕的树，名叫"莫柏树"。这种树长有许多柔韧的枝条，长长地拖在地上，像电线，微风一吹，枝条就会轻轻舞动。一旦人或野兽触动了一根枝条，树好像得到了警报，千百条枝条像毒蛇似的同时席卷过来，把人紧紧缠住，直到把人缠死。至此它还不肯罢休，莫柏树还会从树枝里分泌出一种很粘的胶汁，慢慢地把人或兽"消化"掉。然后又重新展开枝条，等待着下一次机会。

当地人非但不肯将这种可怕的树毁掉，反而竭力加以保护。因为从莫柏上分泌出来的那种胶汁是非常名贵的药物原料。为了防止莫柏树下毒手，人们在采集胶汁之前，总是先拿鱼或其他荤腥食物把莫柏树喂饱。待到莫柏树像吃饱喝足的懒汉一样，即使有人再去在碰它的枝条，它也再不愿意动弹时，他们就抓紧时间采集它的胶汁的。

在巴拿马的热带原始森林里，还生长着一种类似莫柏的"捕人藤"。如果

莫柏

不小心碰到了藤条，它就会像蟒蛇一样把人紧紧缠住，直到勒死。

据报道，在巴西森林里，还有一种名叫亚尼品达的灌木，在它的枝头上长满了尖利的钩刺。人或动物如果碰到了这种树，那些带钩刺的树枝就会一拥而上，把人或动物围起来刺伤。如果没有旁人发现和援助，就很难摆脱掉。

一次又一次耸人听闻的报道，终于引起了植物学家的注意。1924 年，英国有一位植物学家到马达加斯加岛作了两年的考察，他认为，他所到的地方和部落，都有吃人树的传说和故事，只不过没有像卡尔·李赫所描述的"吃人树"的吃人细节。过了 12 年，英国人赫利特也花了四个月的时间去作"吃人树"的调查，但许多人都对他所拍照片表示怀疑，认为树下动物的骨骼可能带有"人工"造作。后来，他又去那个岛的东南地区作调查，可惜此去再也没有回来，也不知是不是落入"吃人树"之手。到了 1971 年，由一批南美洲科学家组成的探险队，深入马达加斯加岛，终于解开了"吃人树"的秘密。他们认为，不存在卡尔·李赫所描写的那种奇树。考察队发现了两种奇特的树，一种树叶上的毛刺刺到人身上，会引起火燎的疼痛，对小孩有死亡的危险；一种是开花的树，会致人过敏，甚至造成死亡。

因此，目前科学家仍持两种态度。一些科学家认为，有些植物对光、声、触动都很敏感，如葵花向阳、合欢树的叶朝开夜合，含羞草对触动的反应等。论理，吃人树与食肉植物一样，它的存在不是没有可能的。还有一些科学家则对吃人树作完全的肯定，认为这和它长期生活在贫瘠的土壤里有关。由于它长年累月得不到充足的养料，实在饥渴难耐，为了求得生存，便以人或动物的尸体作养料。久而久之，居然练出了这一绝招。

所有这些事例告诉我们，尽管现在还没有足够的证据证明吃人植物的存在，但植物并不像石头，它是有感觉的，而且十分灵敏。最近又有人发现，植物也有味觉和痛觉。有人也许要问，植物的感觉是如何产生的，又是怎么传递的呢？难道植物也有神经和大脑吗？……这一切的一切，正待有志者去探索，去解开它的谜！

最粗的树

在 100 年前出版的一部篇幅浩大的植物学著作中，曾列举了一些著名树种的树干直径。其中最粗的是栗树，直径 20 米。以下是墨西哥落羽杉，直径 16.5 米；悬铃木，直径 15.4 米；落羽杉，直径 11.9 米；巨杉，直径 11 米，猴面包树，直径 9.5 米；宽叶椴树，直径 9 米；桉树，直径 8 米……由此可见，长得粗的树，往往是一些不太高的树种，如栗树高不过 30 米，墨西哥落羽杉高 40 米左右，猴面包树仅 20 多米高。

在世界各地，粗壮的树，多是一些历经沧桑的古树名木。例如，我国山东莒县定林寺中的古银杏树，高 24.7 米，胸围 15.7 米，据说已活了 3000 多年。我国广西全州有株树龄超过 2000 年的古樟树，高 30 米，胸径 6.6 米。在日本九州鹿儿岛县有一株日本最大的古樟树，高 30 米，在距地面 1.5 米处的树干周长 22.7 米。

据《吉尼斯世界纪录大全》1985 年版本记载，居于世界前三名的最粗的树分别是：墨西哥东部瓦哈卡州的一株墨西哥落羽杉，树高 48.8 米，距地面 1.52 米处干围 38.1 米；欧洲西西里岛上的一株欧洲栗树，1972 年测量结果为树干周长 50.9 米；非洲大陆上的一株猴面包树，树干周长超过 54.9 米，直径 17.5 米。

这三株异常粗壮的树中，最著名

猴面包树

的是西西里岛上的欧洲栗树。这株树生长在埃特利火山脚下，在中世纪阿拉贡王国统治西西里岛时，曾以其巨大的树冠为国王及所带的100余名随从遮雨而闻名，被称为"百骑大栗树"，如今它已成了该岛的风景名胜之一。欧洲栗又称为甜栗，产于欧亚大陆和非洲北部，坚果可食，木材优良，可作建筑、家具、细木工用材。

墨西哥落羽松，落叶或半常绿乔木，高可达50米，树冠广圆锥形。树干尖削度大，基部膨大。树皮黑褐色，作长条状脱落。大枝斜生，一般枝条水平开展，大树的小枝微下垂。叶线

猴面包树

形，扁平，紧密排列成二列，翌年早春与小枝一起脱落。花期春季，秋后果熟。

墨西哥落羽杉原产于墨西哥东部，向北分布到美国得克萨斯州西南，向南分布到危地马拉，多生于暖湿的沼泽地上，树形优美，可作风景树栽培。喜温暖湿润环境，耐水湿，原产地多生于排水不良的沼泽地内，对碱性土的适合能力较强，上海地区栽种未见黄化现象，生长十分迅速。墨西哥落羽杉落叶期短，生长快，树形高大挺拔，是优良的绿地树种，可作孤植、对植、丛植和群植，也可种于河边、宅旁或作行道树。

上述两种树在原产地很少有胸径超过4米的，因此上述干围38.1米的墨西哥落羽杉和干围50.9米的欧洲栗巨木，都是在特定环境内积上千年的岁月才长成的，是世界上最珍贵的植物遗产之一。

在非洲东部的热带草原上，生长着一种很特别的植物，叫做猴面包树。它高不过20米，但树干很粗，最粗的树干的直径超过12米，要20个人手拉手才能把它围绕一周。猴面包树为木棉科的落叶乔木，叶为掌状复叶，有小

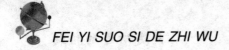

叶 3～7 片，叶柄长 10～12 厘米，小叶长圆形，长 7.5～12.5 厘米，顶端渐尖，叶背有毛，花白色，单生于叶腋，直径 12～15 厘米，有花瓣 5 片，果木质，长圆形，长 10～30 厘米，外形与黄瓜相似，果肉多汁，可食用。每当猴面包树的果实成熟时，猴子就成群结队前来，爬上树去摘果吃，因此人们把它叫做猴面包树。猴面包树生长在干旱的热带地区，在这里，一年之中有八九个月是干旱季节。当旱季来临之时，全部落叶，以减少水分的散失，一到雨季，它靠发达的根系大量吸收水分，这时才出叶、开花。它把吸收到的水储存在树干里，维持长年的生长发育。它的树干虽然很粗，却很疏松，便于储水。它的枝条较多，有广阔的树冠。

最高的树

茫茫林海里，一株株参天大树像是要一比高低似的竞相生长。在这种类繁多的树种中，谁能争得世界上最高的树的桂冠呢？下面就让我们来为它们作一番评判吧。

树木的高矮粗细，是由树种的遗传基因决定的，也受外界环境条件的影响和制约。在城镇中，往往一株高 30 米的杨树就显得格外突出。在莽莽的林海中，虽然树种繁多，但也很少有身高超过 50 米的树木。

在我国，东北原始森林中的红松，可以长到 50 米高，粗 1.5 米左右，有"木材之王"的美誉。浙江西天目山的林中，有一些金钱松高 45 米以上，最高的一株高达 56 米，被称为"冲天树"。台湾岛的原始森林中，台湾杉高耸于上层林冠之上，最高的有 60 米。1975 年，我国的科学工作者在云南西双版纳的原始森林里，发现了一种极为高大的树。它的树冠超出了其他树的树冠足足有二三十米，远远望去，就像是一支仙鹤落在了鸡群里。测量表明，这种高大的阔叶树高达六七十米，最高的超过了 80 米，这高度在我国的几千种树木中位居榜首。因为这种树实在是太高大了，人们在仰望它的树冠的时候，就如同望天一般，所以，人们给它取名叫"望天树"。

望天树虽然高，但还不是世界上最高的树。世界上植物种类最丰富的地区是巴西亚马孙河流域和东南亚的热带雨林，那里虽然树种繁多，也有一些高达六七十米的巨

望天树

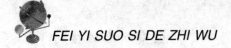
树，但却不是世界最高树的故乡。

目前，在全球数万种树木中，已记录到的超过100米高的只有三种，它们是仅分布在北美洲太平洋沿岸的北美红杉和道格拉斯黄杉，生长在澳大利亚东南部的桉树。这三种树的产地都位于温带地区，而且都具有夏季干旱、冬季降水丰富的气候特点。

在近代，这三种世界最高的树都遭到了人类的大量砍伐，因此失去了许多几百年以至千年才长成的高大成员，人们只能凭借一些记录资料了解它们昔日的风采了。1872年12月，一位澳大利亚维多利亚州林业检查员在报告中记录了一株高132.6米的王桉。1902年，一位科学家在加拿大不列颠哥伦比亚的林恩谷中测量了一株道格拉斯黄杉，结果是高126.5米。1930年，在美国华盛顿州人们发现了一株高117.45米的道格拉斯黄杉。1880年，在澳大利亚的维多利亚州，人们曾发现过一株高114.3米的王桉。目前仍健在的一株北美红杉，高约112米，生长在美国加利福尼亚州西北部沿海的红杉树国家公园内。这株劫后余生的红杉巨树，受到了美国政府的特别保护，每年都有几十万游客前来瞻仰它的雄姿。

道格拉斯黄杉和红杉的高度超了100米，不愧是树中的巨人，但是它们还戴不上世界上最高的树的桂冠。澳大利亚的杏仁桉的高度可以达到150多米，这位世界植物巨人戴上最高的树的桂冠才当之无愧。杏仁桉非常能喝水，活像一台"吸水泵"，如果把它种在沼泽地里，它很快会把水抽干。令人难以思议的是，这位巨人的身材虽然高大，但是它的种子却小得出奇，二十几粒合起来，才不过一颗米粒大小。

杏仁桉树一般都高达100米，其中有一株，高达156米，树干直插云霄，有五十层楼那样高。在人类已测量过的树木中，它是最高的一株。鸟在树顶上歌唱，在树下听起来，就像蚊子的嗡嗡声一样。

这种树基部周围长达30米，树干笔直，向上则明显变细，枝和叶密集生在树的顶端。叶子生得很奇怪，一般的叶是表面朝天，而它是侧面朝天，像挂在树枝上一样，与阳光的投射方向平行。这种古怪的长相是为了适应气候干燥、阳光强烈的环境，减少阳光直射，防止水分过分蒸发。

体积最大的树

世界上的树木不下几万种，它们不仅以庞大的种群组成了地球上浩瀚的森林，而且以巨大的身躯为人类提供了栋梁之材和舟楫之便。

当我们走进北京十三陵长陵的大殿时，会被那几十根高 10 余米、粗 1 米的楠木巨柱的恢宏气势所倾倒。由此不难想到 500 年前，它们雄踞山林时的风采。

在我国，今天仍能在各地见到形形色色的巨木。在素有"大树华盖闻九州"之名的浙江西天目山上，有一株高近 30 米、胸径 2.33 米的柳杉树，曾备受清朝乾隆皇帝的常识，被御封为"大树王"。在贵州省习水县有株特大杉木，高近 45 米，胸围 7.3 米，仅主干就可以出 84 立方米木材，被当地百姓称为"神杉"。生长在西藏雅鲁藏布江畔的巨柏，寿命长达 2000 年以上，高达 50 米，胸径最粗的有 6 米，被尊称为"神树"。在台湾阿里山、北插天山上，有一种寿命长达三四千年的柏树——红桧，高近 60 米，树干基部直径 6.5 米，被称为"神木"……

然而，山外有山，天外有天，这些在我国称雄一山、称霸一方的"树王"、"神杉"、"神木"，如果与太平洋彼岸的巨杉相比，在高大上又都相差甚远。

巨杉是特产于美国加利福尼亚山区的杉科树种，由于具有纵裂的红褐色树皮，与另一种生长在加州沿海地区的杉科树种——北美红杉一起被俗称为"红杉"。

这两种树虽然在 19 世纪才被植物学家所描述，但它们异常高大、长寿的本色，很快引起了全世界的普遍关注，被誉为"世界爷"。其中巨杉在粗大上更为突出，虽然最高的仅 90 米左右，比北美红杉等几种树矮，但它仍以无与

巨杉

伦比的地位居世界巨木之首。

目前，世界公认的最大的巨杉是一株被尊称为"谢尔曼将军"的巨树。它高83米多，树干基部直径超过了11米，30米处的树干直径仍有6米左右，甚至在40米高处生出的一个枝杈就粗2米，令世界上许多高三四十米的大树望尘莫及。

有人曾估计这株巨杉重6000多吨，但1985年科学家根据它的木材比重重新进行了测算，认为"谢尔曼将军"树重2800吨。这个重量虽然不足原估计的一半，但在整个地球的生物世界中却是绝对冠军。它相当于450多头最大的陆生动物——非洲象的重量，就连当今世界上最大的动物蓝鲸，也要15头加一起才能与之相比。据估计，"谢尔曼将军"树可以出55753平方米板材，如果用它们钉一个大木箱的话，足可以装进一艘万吨级的远洋轮船。

据说，"谢尔曼将军"树荣登世界树木之王宝座，仅是20世纪的事。在19世纪后半美国西部开发的热潮中，许多历经几千年沧桑的巨杉树纷纷倒在了伐木者的面前，其中有几株甚至比"谢尔曼将军"树更巨大。

目前，这株世界"万木之王"受到了美国政府的特别保护，傲然挺立在内华达山脉西侧的红杉国家公园中，成了美国人民心目中的"英雄"。

澳大利亚的杏仁桉虽然比巨杉高，但它是个瘦高个，论体积它没有巨杉那样大，所以巨杉是世界上体积最大的树。巨杉的经济价值也较大，是枕木、电线杆和建筑上的良好材料。巨杉的木材不易着火，有防火的作用。

树冠最大的树

常言道，独木不成林。可是自然界惟有榕树能"独木成林"。

榕树是属于桑科的常绿大乔木，分布在热带和亚热带地区。它的树冠之大，令人惊叹不已。

在孟加拉国的热带雨林中，生长着一株大榕树，郁郁葱葱，蔚然成林。从它树枝上向下生长的垂挂"气根"，多达4000余条，落地入土后成为"支柱根"。这样，柱根相连，柱枝相托，枝叶扩展，形成遮天蔽日、独木成林的奇观。巨大的树冠投影面积竟达1万平方米之多，曾容纳一支几千人的军队在树下躲避骄阳。

在我国广东新会县环城乡的天马河边，也有一株古榕树，树冠覆盖面积约15亩，可让数百人在树下乘凉。我国台湾、福建、广东和浙江的南部都有榕树生长，田间、路旁大小榕树都成了一座座天然的凉亭，是农民和过路人休息、乘凉和躲避风雨的好场所。福州市的榕树特多，所以称为"榕城"。

榕树是桑科榕属植物的总称，全世界已知有800多种，主要分布在热带地区，尤以热带雨林最为集中。我国榕树属植物约100种，其中云南分布67种，西双版纳有44种，占中国已知榕树总数的44.9%，占全世界的5.5%。

榕树是热带植物区系中最大的木本树种之一，有板根、支柱根、绞杀、老茎结果等多种热带雨林的重要特征。生长在西双版纳的44种榕树具有大板根的有17种，能形成各种气生根或支柱根的有26种。绞杀现象是榕属植物在东南亚热带雨林中的一个特殊现象；而独树成林则是某些榕树由绞杀阶段向独立大树过度转变时长众多的粗大支柱所形成的热大雨林特殊景观。

榕树是野生食物的重要来源；在西双版纳地区被利用作蔬菜的榕树主要有木瓜榕、苹果榕、厚皮榕、高榕、聚果榕、突脉榕、黄葛榕等。木本野生

榕树

蔬菜富含丰富的维生素，矿物质，以及帮助人体消化的纤维素和苦味素。傣族人民普遍认为：常吃木本植物的嫩枝叶可使人健康长寿，也可为少女保持体态轻盈。也是重要的民族药用植物，在榕树中有9种植物被常用于治疗多种疾病，药用的部位包括根、树皮、叶和树浆等。

榕属植物中，有17种为具有板根的大乔木，有26种具有气生根或支柱根，有8个种具有老茎生花果现象，有24种在幼苗阶段是附生植物，其中有21种随着榕树的生长，通过绞杀植物阶段发展成为乔木或大乔木，以致形成独树成林，这些特殊的生态现象构成了园林景观。许多榕树有开展的树冠、浓荫的树阴，一直是传统的庭院植物，如高榕、菩提树、垂叶榕、榕树等。榕属的一些种类已成为重要的园林观赏树种，培育出叶色、形态各异的园艺品种，垂叶榕、榕树已有十多个园艺品种。

榕树的很多种类具有板根现象、老茎生花、空中花园和绞杀现象，景观奇特雄伟，反映了热带雨林的重要特征；而一些种类被当地民族视为神（龙）树和佛树，形成了独特的民族榕树文化。该园占地约15亩，已收集榕属植物近103种，园内高榕、垂叶榕、菩提树、钝叶榕、木瓜榕等已形成树包塔、独树成林、绞杀现象等景观和丰富的科学内涵已使该园日趋成为一个接近于自然森林外貌的生态公园，给人们以奇而美的享受。

榕树的果实扁圆形，生于叶腋，果径不到1厘米，可以食用。种子萌发力很强，由于飞鸟的活动和风雨的影响，使它附生于母树上，摄取母树的营养，长出许多悬垂的气根，能从潮湿的空气中吸收水分；入土的支柱根，加强了大树从土壤中吸取水分和无机盐的作用。这就是"独木成林"的奥秘。

树干最美的树

林中亭亭玉立的白桦树，除去碧叶之外，通体粉白如霜，有的还透着淡淡的红晕。在微风吹拂下，枝叶轻摇，十分可爱，真仿佛是一位秀丽、端庄的白衣少女。

白桦是一种落叶乔木，最高的可达二十几米，胸径1米有余。其树干之所以美丽，是因为上面缠着白垩色的树皮，能一层一层地把剥下来，剥好了，可以剥得很大，仿佛是一张较硬的纸。你可以在它上面写字、画画，还可以编成各种玲珑的小盒子或者制成别致的工艺品，别有一番情趣。

白桦的叶子是三角状卵形的，有的近似于菱形。叶缘围着一圈重重叠叠的锯齿。叶柄微微下垂，在细风中飒飒作响。白桦的花于春日开放，由许许多多的小花聚集在一起，构成一个柱状的柔软花序。果实10月成熟，小而坚硬。有趣的是，其果实还长着宽宽的两个翅膀，可以随风飘荡，落在适宜的土壤上就能生根发芽，繁衍后代。

白桦在植物学上属于桦木科、桦木属。白桦的兄弟姐妹共有四十多个，分布在我国的约有22个，其中有身着灰褐色衣料的黑桦，披着橘红色或肉红色外套的红桦以及木材坚硬的坚桦。

白桦树液是不可多得的天然绿色食品，树液为微黄色，具有特殊的香味和甘甜。经科学鉴定，液体含有钾、钙、镁、铁等16种微量元素。这些元素被称之为"生命金属"，对人体健康、血液循环和生理过程的完成有着重要作用。白桦树汁还含有赖氨酸、谷氨

白桦

白桦

酸等多种氨基酸以及维生素 C、B_1、B_2 等多种维生素。

据科技人员研究指出，用白桦树汁可制成高级饮料、桦密酒、化妆品、洗涤用品。用白桦树汁制成饮料，具有独特的清香味，饮后凉爽宜人，回味绵长，长期饮用可抗痨祛病，延年益寿，对缺铁性妇女、儿童和少年的智力发育，有着明显的调节作用，对饮酒过量之人，可清头解酒。中医界人士用后认为，该树汁具有清凉解热、渗湿利窍、健胃舒肝等功效。该树汁制成化妆品可滋润皮肤，悦色美容，是当代不可多得的护肤保健品。用它制成桦树汁酒，饮用后能加快血液循环，提精养胃，是餐桌上最好饮品之一，是饮料又有酒之品格。

坚桦树皮暗灰色，不像白桦那样可以一层层剥皮。其木材沉重，入水即沉，素有"南紫檀，北杵榆"的声誉。杵榆就是坚桦的别名。它可作车轴、车轮及家具等，而且树皮含单宁，可提制栲胶。坚桦分布于辽宁、河北、山东、河南、山西、陕西、甘肃等省的高山上。白桦尚有一位大名鼎鼎的兄弟，因其木材最硬，人唤作"铁桦树"。它只生长在东北中朝接壤的地方，它甚至比钢铁还硬。

白桦自身还有几个变种，如叶基部宽阔的宽叶白桦，树皮银灰色至蓝色的青海白桦，树皮白色、银灰色或淡红色的四川白桦等等，皆为园林树木中之佳品。白桦木材黄白色，纹理致密顺直，坚硬而富有弹性，可制胶合板、矿柱以及供建筑、造纸等用。树皮除提白桦油供化妆品香料用外，还有药用价值。白桦为温带及寒带树种，分布于东北、华北及河南、陕西、甘肃、四川、云南等地。为我国东北主要的阔叶树种之一。尤其在大小兴安岭林区，差不多要占整个林区面积的 1/4 以上，它常常和落叶松、青杆、山杨混交成林，和平共处。

北京的百花山及东灵山也有美丽的天然白桦丛林，远远望去犹如一群群白衣少女在轻歌曼舞。

最深的根

根是某些植物长期适应陆上生活过程中，发展起来的一种向下生长的器官。它具有吸收、输送、贮藏、固着的功能，少数植物的根也有繁殖的作用。通常根向下生长，是隐藏在地面以下的，但并不绝对，也有些植物的根不长在地下，而是长在空气中，甚至向上生长。此外，要注意并非所有植物都有根。世界上所拥有的50万种植物中，只有20多万种高等植物才具有真正的根，其余近30万种低等植物都没有根的。它们还没有进化到具有根这个器官的水平，有些低等植物有根的外形，但它不具有根的构造，充其量只能称它为假根。

根的类型很多，按不同的标准主要可分为：当种子萌发时，首先突破种皮向外生长，不断垂直向下生长的部分即是主根。如大家所熟悉的蚕豆，当它发芽时，突破种皮向外伸出呈白色条状的就是根，以后不断向下生长即形成主根。同样，作蔬菜食用的黄豆芽、绿豆芽，它们都有一条长长的白色的东西，这也是根，以后就形成主根。

当主根生长到一定长度后，它会产生一些分枝，这些分枝统称为侧根。在黄豆芽、绿豆芽中，有时会看到当主根长得较长时，就会在主根的近末端处，有一些向侧面生长的分枝，这就是侧根。侧根生长过程中，可能再分枝，形成新的侧根，这就是第二级侧根。当然还可以有第三级、第四级……无穷无尽

浮萍

树根

地产生新的侧根，但作为主根则永远只有一条，不存在第二级主根。不定根是植物生长过程中，从茎或叶上长出的根，它不来自主根、侧根。例如剪取一段垂柳枝条，插在潮湿的泥土中，不久在插入泥中的茎上长出了根，这就是不定根。一个水仙头，放在水中没几天，在它的底部密集地生出一环根，这也是不定根。不定根可以产生分枝，如垂柳的不定根有分枝，这些分枝也称为侧根；不定根也有不分枝的，如水仙的不定根无分枝。

漂浮在池塘水面的浮萍，它的根不到 1 厘米。水稻的根大都在 20 厘米深的土层内，棉花算是深耕作物了，最深的根也只有 2～2.2 米。

一般树木的根有多深呢？俗话说："树有多高，根有多深。"这个说法有一定的根据，但不够准确。比如在非洲沙漠里，有一种灌木叫有刺阿康梭锡可斯，高和人差不多，全身不长一片叶子，可是根长达 15 米。一般地说，水生和湿生的植物，根长得短而浅；旱生长沙漠里的植物，根长得长而深。

世界上根长得最深的植物，在南非奥里斯达德附近的回声洞，那里有一株无花果树，估计它的根深入地下有 120 米，要是挂在空中，有 40 层楼那么高。这是世界上生长最深的根了。

不长叶子的树

通常，植物都有叶子。绿叶中的叶绿素，在阳光作用下进行光合作用，不断制造养料，输送到植物的其他部分，使植物长得欣欣向荣。只有一些较低等的植物，如蘑菇、灵芝等真菌，它们靠附着在其他植物上过着寄生或腐生的生活，才不需要叶子来为自己制造养料。

可是，世界上居然也有一些没有叶子的高等植物。

你去过非洲的东部或南部去旅行吗？在那里你见到过一种奇异有趣的树吗？这种树无论春夏秋冬，总是秃秃的，全树上下看不到一片绿叶，只有许多绿色的圆棍状肉质枝条。根据它的奇特形态，人们给它起了个十分形象的名字叫"光棍树"。

我们知道，叶子是绿色植物制造养分的重要器官。在这个"绿色工厂"里，叶子中的叶绿素在阳光的作用下，将叶面吸收的二氧化碳和根部输送来的水分，加工成植物生长需要的各种养分。如果没有这个奇妙的"加工厂"，绝大多数绿色植物就难以生长存活。既然是这样，那为什么光棍树不长叶子呢？它靠什么来制造养分，维持生存呢？要想揭开这个谜，我们还是先来看看它的故乡的生活环境吧。

光棍树为直立的灌木或小乔木，是大戟科大戟属植物，又名绿玉树、青珊瑚。茎直立多，分枝，肉质，圆柱状，绿色，簇生或散生；无叶片或叶片极少，是形态变异的观叶植物；蒴果暗褐色，被毛。

光棍树

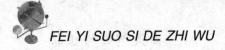

在漫长的岁月中，植物为适应环境，都会发生变异，光棍树原产非洲沙漠地区。沙漠地区赤日炎炎、雨量极其稀少。由于严重缺水、不适应恶劣的自然环境，保水抗旱，原来枝繁叶茂的光棍树，为减少水分蒸发，叶子慢慢退化了，消失了；而枝干变成了绿色，用绿色密集的枝干代替叶子进行光合作用。植物不进行光合作用，是不能成活生长的，而绿色是进行光合作用的重要条件。

光棍树在温暖的地区容易繁殖生长。在潮湿温暖的地方栽培，它的基干下部会长出一些叶片，这微小的变化，也是为适应潮湿环境而发生的，生长出一些小叶片，是为增加蒸发水分，从而达到体内水分平衡。

光棍树的茎干中的白色乳汁中碳氢化合物含量很高，可以制取石油。近年来，随着能源危机和人们在绿色植物中寻求能源工作的深入，光棍树引起人们的极大兴趣，美国科学家认为，它是未来石油原料最有希望的候选者。

像这样为适应干旱环境而不长叶子的植物还有一些。如著名的沙漠植物梭梭也没有叶子，是用多节的肉质嫩枝来代替叶子进行光合作用的。它是一种多年生灌木，在炎热干旱的夏季，梭梭开花后，进入休眠状态，直到深秋，种子才长大成熟。落地的种子遇到适当的温度和湿度，居然能在几小时内就萌芽苗长，堪称是与沙漠作顽强斗争的勇士。

非洲沙漠中还有一种叫阿康梭锡可斯的丛生灌木。这种葫芦科植物同人差不多一样高，全身也不长一叶，但它身上却到处布满了成对的尖刺，原来这就是它退化了的叶子。这种植物根系十分发达，向下可深达 15 米，能钻入沙漠深处吸收地下水。根深，叶子缩成针状，就是它对付干旱的两大绝招。

在我国的广东、福建沿海还可见到另一种不长叶子的植物——木麻黄。这

木麻黄

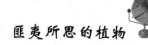

是一种高可达 20 米的常绿乔木，在它轻柔的枝条上长有许多灰绿色的针状物，远看上去，倒是有点像松树的松针，为此它又叫"驳节松"。但只要仔细观察，就会发现它同松树完全不同，木麻黄那灰绿色的针状物其实是它的枝条。可它的功能却与松针一样，里面都含有叶绿素，可以进行光合作用。

不过，木麻黄实际上也可说是长有叶子的，细看的话，在它的枝条上有许多节，节上轮生着细小的鳞片状物，那就是它退化了的叶子。由于枝条也能进行光合作用，为抵抗强风和干旱的需要，这些叶子很自然地就将自己缩小，以至我们几乎看不出来了。木麻黄原产澳大利亚和太平洋的岛屿上，我国引进后主要用作滨海防护林带，控制风沙的侵袭。

前面提到的光棍树在我国也有引进栽种的，不过，那只是栽种在北京、上海、广州等地的植物园里，作为庭园观赏植物，有人也叫它"神仙棒"。看来，人们对它不长叶子很是感到好奇的，把它当做仙树来看待呢。

贮水本领最大的树

南美洲的草原上，有一种纺锤树，身躯很像一个大萝卜，不过要比萝卜大上不知多少倍。这种树高可达 30 米，四五层的楼房只有它一半高。它的树干两头细中间粗，最粗的地方直径达 5 米，通火车的隧道只能勉强容纳下它那放倒的身躯。纺锤树的上端有少数生叶子的枝条。远远看去，这种树又像一个插着枝条的花瓶，因此又叫瓶子树。这种树两头尖细，中间膨大，最粗的地方直径可达 5 米，远远望去很像一个个巨型的纺锤插在地里，人们称它为纺锤树。

这种树到了雨季，在高高的树顶上生出稀疏的枝条和心脏形的叶片，好像一个大萝卜。雨季一过，旱季来临，绿叶纷纷凋零，红花却纷纷开放，这时，一棵棵纺锤树又成了插有红花的特大花瓶，所以人们又称它瓶子树。

瓶子树所以长成这种奇特的模样，跟它生活的环境有关。巴西北部的亚马孙河流域，炎热多雨，为热带雨林区；南部和东部，一年之中旱季较长，气候干旱，土壤非常干燥，为稀树草原带。处在热带雨林和稀树草原之间的地带，一年里既有雨季，也有旱季，但是雨季较短。瓶子树就生活在这个中间地带。它的生态与这个特定的环境相适应。旱季落叶或在雨季萌出稀少的新叶，都是为了减少体内水分的蒸发与损失。

旅人蕉

　　瓶子树的根系特别发达，在雨季来到以后，尽量地吸收水分，贮水备用。一般一棵大树可以贮水 2 吨之多，犹如一个绿色的水塔。因此，它在漫长的旱季中也不会干枯而死。旱季时，人们常砍棵纺锤树作为饮水的来源。若以每人平均每天饮水 6 斤计算，砍一棵纺锤树几乎可供四口之家饮用半年。世界上再没有比纺锤树更能贮存水的木本植物了！

　　瓶子树和旅人蕉一样，可以为荒漠上的旅行者提供水源。人们只要在树上挖个小孔，清新解渴的"饮料"便可源源不断地流出来，解决在茫茫沙海中缺水之急。

含糖最多的树

你见过能产糖的树吗？你一定说："我没见过。"这也许跟你刚听说"花里面有蜜"时一样奇怪。其实大自然里面有许许多多天然食品，糖树就是其中的一种。

糖树的家住在北美洲，其中落户最多的国家是加拿大了。人们都把那儿叫做"糖槭之国"。

糖槭树，树高约 40 米，是落叶大乔木。这种树的身体里贮藏着大量的糖液，一般树龄在 15 年左右时，便可钻孔采集糖液。将采集到的糖液稍加提炼就可得到糖浆和糖。这种糖含有蔗糖、葡萄糖和果糖，营养价值较高，吃起来清香可口，深受人们欢迎。树木不仅能产出奶来，而且还能产糖。糖槭树寿命较长，一般能活四五百年。

加拿大大量种植糖树，制出的糖不仅能满足国内需要，而且还有出口。到了秋天，树叶变红，真是"满山红遍，层林尽染"，美极了。

每到春天，人们就开始采割糖槭的树液。他们先在树干上打上孔，再在孔里面放进一根管子，顺着管子让乳白色的树液流进采集桶中。在采割的季节里，差不多每个孔可采得 100 多公斤树液。这种糖槭树树液含糖量为 0.5%~0.7%。最高的可达 10%。如果有一棵 15 年生的糖槭树，每年就可以为人们提供 3 公斤左右的糖，每棵树可产糖 50 年，有的可达 100 年以上。糖槭树的汁液营养价值很高，是补养的佳品。

柬埔寨的椰子树和棕糖树也是产糖几样树种之一，它们长得很美。在桔井，你可以看到大片的热带平原，远处的椰子树和棕糖树袅袅婷婷，像美丽的柬埔寨女人，身姿卓绝。椰子在柬埔寨随处可见，椰子汁非常有营养，它的成分和人的体液差不多，在战争年代，没有生理盐水，就用椰子汁输液，输液柬华人称之为"吊海水"。在乡下，1000柬币（相当于2元人民币）可以买到5个大个头的椰子，非常便宜，而且极其新鲜，都是当日采摘的；在柬埔寨，不同地区椰子的味道经常有差异，而且很明显，可能是因土壤性质的差别，有的椰子味道微酸，有些又很甜，但在你打开椰子前，谁也不知道个中滋味，椰子成了人们最喜爱的饮品。

椰子树

棕糖树也称甜树，个头大小约和椰子树差不多，很多外国人常把棕糖树误认做椰子树，其实棕糖树的外形还是很有个性，这是最美的热带树种之一。糖棕树，树干高耸笔直，叶子生长在顶端。这种树的花特别大，在花梗里贮藏有丰富的糖汁。它的果实可食，甜得很，外壳像茄子，里面一个硬壳包裹着透明的果肉。糖棕的花序中含有大量的糖棕汁，含糖量可达15%，完全可以与甘蔗媲美。糖棕汁甘甜可口，是一种上乘的清凉饮料，能消暑解渴，大热天喝上一杯，凉爽润喉。在糖棕树下乘凉，更是凉爽宜人。可熬制成砂糖或糖块，还可以用来酿造美酒。

柬埔寨人用刀在它的枝干上割一个小口，让它的甜甜的汁液流到一个特制的竹筒里，然后让它发酵，这样就制成了甜香浓郁的棕糖酒。

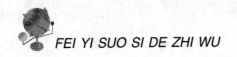

世界油王

几内亚湾沿海的多哥、达荷美、尼日利亚，从南到北延伸 1~200 千米范围内的地势低平，炎热多雨，植物生长繁茂，到处都有茂密的油棕林。

油棕，又叫油棕搁，是棕榈科常绿乔木，高 4~10 米，果实含油量很高，人们就叫它油棕。它形状有点儿像椰子，又叫它"油椰子"。棕榈科油棕属的一个种，热带木本油料作物。单位面积产油量特高，故有"世界油王"之称。

每株油棕树长有 10 个左右的大果实，每个重约 20 公斤，鲜果肉和果仁含油量达 46%~55%。改良后的新品种油棕，果大肉厚，核小壳薄，亩产油 265 公斤，含油量相当于花生的 5 倍，椰子的 6 倍，葵花籽的 7 倍，菜籽的 10 倍，大豆的 12 倍，棉籽的 24 倍。人们公认它为一种高产木本油料作物，被誉为"世界油王"。

植株高大，属单子叶植物。根为须根系，由初生根、次生根、三生根和四生根组成，后两者为主要吸收根。茎直立，不分枝，圆柱状，茎粗 30~40 厘米，老树高达 10 米以上。叶片呈螺旋状着生于茎顶。肉穗花序，雌雄同株异序，少量出现雌雄混合花序。雌花序由许多小穗组成，每个小穗着生 6~40 朵雌花，呈螺旋状排列于小穗上，受精后约 6 个月果穗成熟。每穗有果 1000~1500 个，穗重 10~15 公斤，最重可达 50 公斤以上。果实由外果皮、中果皮、内果皮和核仁组成。

油棕

成熟的中果皮又称果肉，鲜果肉含油率50%左右，棕油即由果肉榨取。内果皮又称核壳，由坚硬致密的石细胞组成。核仁富含油脂和蛋白质，鲜核仁含油率约50%，棕仁油即从核仁榨取。油棕定植后第三年开始结果，6～7龄进入旺产期，经济寿命20～25年，自然寿命长达100年以上。在高温多雨的东南亚地区，全年开花结实，每公顷产油4～6吨。

喜高温、湿润、强光照和土壤肥沃的环境，但在季节性干旱地区也有较大的适应性。温度是制约油棕分布和产量的主要因素。年平均温度24～27℃，年雨量2000～3000毫米，分布均匀，每天日照5小时以上的地区最为理想。年平均温度23℃以上，月均温22～23℃的月份有7～8个月，年雨量1500毫米以上，干旱期连续3～4个月的地区能正常开花结果，但出现季节性产果。年平均温度低于22℃，并有短期霜害的地区，果实发育不良，产量极低，不宜栽培。深厚和富含腐殖质的土壤最适于种植油棕。

油棕的栽培技术，在生产上用加热处理法催芽效果最佳。可在38～40℃的发酵坑、暖房、恒温箱或人工气候室处理8～90天催芽。种子萌芽后即移植于过渡苗圃，长到5～6片叶再移入装有肥土的塑料袋，培育12～14个月，选叶片羽裂早、开叉大、叶面积大、裂片多的壮苗定植。种植密度一般每公顷135～180株，植距8×8米或7×8米，正方形或三角形种植。三角形种植，可更合理地利用土地和空间，单位面积产量较高。雨季初期定植为宜。

植后1～4年为幼龄期，以营养生长为主。行间要控制萌生植物，种上豆科覆盖作物或适当间作短期的经济作物。根圈每年除草3～4次，并用杂草覆盖。叶片尽量保留或修去少量老叶。二三龄时，每年每株施有机肥30公斤以上，化肥以氮肥为主，适当施磷、钾肥。

六七龄进入旺产期，对水、肥要求强烈，一般每年每株施有机肥50公斤左右，硫酸铵或氯化铵2～3公斤，过磷酸钙2～3公斤。硫酸钾或氯化钾1～2公斤。成龄树根圈每年除草2～3次。

主要产品为棕油和棕仁油。棕油淡黄至棕红色，是一种半固体油脂，含饱和脂肪酸50%以上，不饱和脂肪酸45%左右，有丰富的胡萝卜素、维生素A和维生素E。精炼后油味清淡，不易酸败，可作食用油、起酥油、人造奶

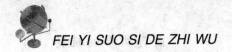

油，可制高级肥皂、化妆品、洗涤剂、蜡烛、油漆、防锈剂、润滑油、内燃机燃料，以及用于铁皮镀锡、钢铁淬火等。

棕仁油白色，含饱和脂肪酸 80% 左右，不饱和脂肪酸 13%～20%，可作烹调油、人造奶油和糖果、点心、饼干、雪糕、面包的配料，还可制高级肥皂、洗涤剂和润发脂。

油棕的故乡是非洲。尼日利亚曾经是世界上出产棕油最多的国家；塞拉利昂的国徽上就有两株高大的油棕树；扎伊尔、科特迪瓦等国也是盛产棕油的国家。

现在，油棕已传播到了世界亚热带和热带的广大地区，新建的油棕园比任何热带植物园都要多得多。马来西亚从 20 世纪 60 年代开始，油棕种植面积不过 80 多万亩，年产棕油 10 万吨。到 1975 年，种植面积增加到 900 多万亩，年产棕油 120 万吨，出口近 100 万吨，马来西亚一跃而成为世界最大的棕油生产输出国。

1983 年世界棕油出口量为 393.8 万吨。其中马来西亚出口最多，为 290.6 万吨，占世界出口量的 73.7%。1986 年世界产棕油 822.7 万吨。马来西亚生产棕油最多，年产 454.2 万吨，约占世界总产的 55.25%。

奇树之最

1. 醉树

在南非有一种叫玛努拉的树，其果实味美多汁，可以酿酒。非洲大象最喜欢吃这种果子。由于大象胃里的温度很适合酿酒酵母生长，因此，大象暴食这种果子后，再喝进一些水，便会大撒酒疯，有的狂奔不已，上蹿下跳。

2. 抗火树

在我国南方一些省市，生长着一种叫木荷的树，有的也称伍树、柯树、和木等。这种树的含水量很大，为树体总重量的43%左右，生长旺盛的部位含水量会更大。但其油脂的含量却很少，仅为6%。如果将这种树植成防火林带，当森林大火烧到这种防护林带时，大火就会自行熄灭。靠近火焰的荷树也不过30%～50%的树叶被烤焦，但树身绝不致烧死。它的生命力很强，烤伤的树枝第二年又可以萌发新叶。它是近年来研究用来森林防火的重要树种，故称"抗火树"。

3. 灭火树

在非洲的安哥拉西部，有一种叫柯树，它不但不怕火烧，而且还能灭火。这种树有高大的躯干，枝叶浓茂，细长的叶片往下拖着，足有七八尺长，叶中隐藏着许多馒头大的圆球，它就是灭火的武器，节苞里面装满了含四氮公碳的液体，它附近有了火光，节苞就会射出液体灭火。

4. 咬人树

我国山东省枣庄市的北庄乡，生长着一种"咬人树"。这种树经中国科学院有关研究所同志

醉树

咬人树

确认，是目前我国稀有的优质野生漆树。这里的野生漆树约有万余株，它所产生的生漆，具有防腐、防锈、耐酸、耐高温、绝缘等优良的特性。它的种子可以榨油，是医药、化工和纺织工业中常用的原料之一。漆蜡是生产硬脂酸的主要原料之一。它的叶子也是一种药材。因为野生漆树含有强烈的漆酸，容易引起人的皮肤过敏或中毒，所以被人误认为"咬人"，故称其"咬人树"。

5. 牙刷树

非洲西部的热带森林里生长着一种叫"阿洛"的树，如果将树干或枝条锯下来，削成牙刷柄长短的木片，用来刷牙，居然能将牙齿刷得雪白。这种木片放进嘴里，很快会被唾液浸湿，这时顶端的纤维马上散裂开来，摇身一变而成了牙刷上的"鬃毛"，因此称这树为"牙刷树"。奇中有奇，非洲东部的坦桑尼亚也有种牙刷树，比前一种更胜一筹。它是一种乔木，树枝的纤维很柔软，又富有弹性。人们只要将树枝稍稍加工，就可以做成理想的天然牙刷。用它刷牙，不必使用牙膏也会满口泡沫。因树枝里含有大量的皂质和薄荷香油，不仅牙刷得干净，而且清凉爽口，感觉舒适。

6. 笑树

如果你有幸到非洲的卢旺达首都基加利旅游，可千万别漏掉那著名的芝密达哈兰德植物园，到那里不仅好客的卢旺达人欢迎你，就连植物园里的树木也对你笑声相迎。园内有一种会发笑的树。它是一种小乔木，高约七八米，树干深褐色，叶子呈椭圆形。每根丫杈间，都长有一个像小铃铛般的皮果，里面是个空腔，生有许多小滚珠似的皮蕊，能自由滚动；皮果的外壳，长满斑斑点点的小孔。风吹枝动，那些皮果会随风飘摇，皮蕊在空腔内滚动，不断撞击既薄又脆的外壳，于是发出"哈、哈……"的声音，与人的笑声相似，所以当地人把它称作"笑树"。

7. 发电树

在印度，有一种树会发电。若人们从它身边经过。不小心碰到它的枝条，立刻会感到被电打一样难受。它有发电和蓄电的本领。中午电量弱，夜晚电量强，其秘密尚不清楚。

8. 捕鸟树

在南美洲的秘鲁南部山区，有一种会捕鸟的树。这种树的形状像棕榈，在它那巨大的枝叶上，长满了又硬又尖的硬刺。当一群小鸟飞来时，若落在树上休息，一旦碰到了树刺，轻者受伤，重者则立即死亡了。当地的居民往往在自己的房前屋后栽上几株这种捕鸟树，以便能吃到新鲜的鸟肉。

9. 指南树

在非洲东海岸马达加斯加岛上，生长着一种"指南树"，高达 7.62 米，树干上生长着一排排细小的针叶。这种树无论长在哪里，奇怪的是，它的针叶总是指向南极。当地人以这种树代替罗盘，确定方向。

10. 白天笑晚上哭的树

在巴西生长着一种名叫"莫尔纳尔蒂"的灌木。这种灌木在白天里会不停地发出一种委婉动听的乐曲声；到了晚上，它又会连续不断的发出一种哀怨低沉的啜泣声；等到天亮时，它又发出悦耳动听的乐曲声。一些植物学家研究后，认为这种灌木能白天"笑"晚上"哭"发出不同的声响，与阳光的照射有密切地联系。

11. 夫妻树

我国福建欧县万木林自然保护区内，生长着一红一绿的一对鸳鸯树。红的是樟树科的大叶楠，身披红袍，高大雄壮，俨然伟丈夫似的，绿的是山毛榉科的朱槠，生的圆润娇小，妩媚多姿。两棵异族兄妹，偎偎依依，紧贴紧靠，恰如一双恩爱伉俪，因此人称"夫妻树"。

红豆杉树

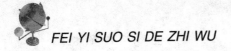

12. 胸有成竹的树

福建屏南岭头村村北的北坡上，长着一株古老的红豆杉树，这也没有什么稀奇，有趣的是一丛毛竹正好从这棵树的胸膛中长了出来，形成了"胸有成竹"的趣景。这株树至少有几百岁的高龄，树干早已成为空洞，南半部已经开裂，毛竹钻了这个空子，从地下冒出，窜过树洞挺然而出，这株树至今还满树青枝。

13. 眼睛树

俄罗斯南部生长着一种奇怪的眼睛树，它的外形看上去与其他树木没有什么异样，但是当你把树皮剥掉后，奇迹就发生了。剥皮后的树干上立即显露出一只只大"眼睛"，在这些奇妙的"眼"里还流着悲伤的"泪水"。这些"泪水"，使人不忍再继续剥它的皮。这些眼睛其实不过是些疤痕，只不过与其他树的疤痕不同，两侧各伸出一个角，很像人的眼睛。流出的"眼泪"带有粘性，是一种天然胶粘剂，能作为胶水。

14. 碱树

在新疆塔克拉玛干盐碱沙漠上，有一种胡杨树，能从土壤里吸收大量盐份，而后从树皮裂缝中排出碳酸钠（碱面），当地居民把它收集起来，供蒸馒头和加工肥皂用。

15. 无叶千年古树

四川石柱土家族自治县挨河咀乡红旗村第二村民小组，发现一棵不长树叶、不开花结果的前年古树——马猻光树。这棵树高二十三米，树围三点二米，覆盖地面近五百平方米，树身光滑无壳，有各种花纹，呈棕黄色。据有关专家鉴定，是世界上较为稀有的树种。有关部门现已采取严格的保护措施。

16. 煤树

西非有一种燃烧力很强的树。当地人称它为"煤树"。这种树的树身粗壮，呈黑色，而且有光泽，与煤色很相似，高约丈余。它含有一种油质，非常易燃。据说有一棵煤树失了火，整整燃烧了 3 天，当地人们把火扑灭时，发现那棵煤树失了火，也只不过烧去了一些小嫩芽，而它的树身却安然无恙。

17. 造米树

马来西亚长着一种西谷椰子树。树干笔直，高约 5 丈。树干的中心柔软，可以用刀刮出，浸泡在水中，水液就成了乳白色的米汤。它含有许多淀粉，经过加工之后，制成米粒状的颗粒可以当成大米食用，味似米香。

18. 木盐树

我国的黑龙江和吉林省的交界处，生长着一种能产盐的树，叫木盐树。这种稀有的树种高两丈之多，每到夏季，木盐树的树干上就凝结起一层雪花似的盐霜，刮下来可当上等精盐食用。每到泌盐的季节，当地居民便争相刮取，以备食用。这种木盐树引起了世界经济学家们的极大兴趣，如推广种植，对于很多内陆缺盐的国家，可谓是宝中之宝。

19. 泌油树

我国陕西省有一种树叫白乳木，只要撕破它的叶子或扭断其枝条，破损处就会流出白色的油汁来。这种油既可食用，又可点灯。

20. 萝卜树

在我国云南南部的热带森林里，生长着一种萝卜树。这种树的枝权间附生着一只特大的"萝卜"，最大的长达60厘米，粗10厘米。它的根肥大臃肿，是一种附生植物。这种"萝卜"只是外貌像萝卜，其实同萝卜风马牛不相及。它不像萝卜那样有红有紫，有青有白，更不像萝卜那样可以食用。而是跟杜鹃花同宗同族，经采集后洗净、晒干，磨成粉具有消炎利尿、活血化淤之功能，还可以作外敷药，治疗跌打损伤。

21. 捕蝇树

在南美洲高原上生长着一种捕蝇树，它是一种叫罗里拉拉的灌木，在灿烂的阳光下，那银白色的枝叶，会散发出一种特殊的香味，引诱着成群的苍蝇飞来。当苍蝇停在叶片上时，就被叶片分泌出来的胶质液体粘住。有意思的是，捕蝇树做的是义务劳动。它逮住的苍蝇自己不吃，却专门用来"招待"客人——一种蜘蛛。当地居民常常把捕蝇树的枝叶采下来，带回家去，悬挂在墙上，它像捕蝇纸一样，也会粘捕苍蝇，因此，人们称它为"捕蝇树"。

22. 造酒树

日本的新潟县，有一种罕见的老杉树，它的树汁呈白色，其内含有很多糖质。这些糖质在氧气不足时，就会发生奇异的变化，成为酒精，从而造出

鸳鸯树

地道的天然美酒，质地优良，醇香浓郁，令人多饮即醉。

在非洲中部罗得西亚恰希河西岸的休洛，生长着另一种酒树。这种树常年分泌出一种香味芬芳而且含有强烈酒精的液体，这种液体是一种可以就树而取饮的天然美酒。当地居民常用此酒树宴请宾客。经过蒸馏以后，可以装瓶出售，运销各地。在此地的几家，也因此而成为远近闻名的富豪。

23. 洗衣树

在非洲北部的阿尔及利亚，生长着一种名字叫"普当"的树。树干高大，粗枝阔叶，姿态雄伟。它的树皮，上下全是赭红色，远看很像是刷上了红漆的柱子。树皮上还有许许多多的细孔，冒出黄色的汁液。是得病了吗？不是。是害虫蛀食的残汁吗？也不是。这是它的适应性的表现。因为那里的土质碱性较重，阔叶的蒸腾作用大，从根部吸收的水分很多，对它的生理活动有害。它身体上的许多细孔，便是排碱用的，这可以帮助它化险为夷，正常生长发育。这种树给人们带来了好处。那黄色的汁液，是很好的洗涤剂，能够除去衣服上的油脂或污垢。当地居民把脏衣服捆在树上，几小时后用清水漂洗一下就非常洁净了。在小河畔，溪流边，时常可以见到姑娘们的笑语喧哗，活跃在红树绿叶之间，肩负衣物，来请"洗衣树"帮忙。

24. 酒竹

坦桑尼亚的森林地区有一种酒竹。这种竹子生长在排水良好的沙壤土中，当幼竹长到一米高时，人们便用刀砍去竹梢，并让切口倾斜，使竹液流入容器中，这种液体可直接当酒饮用，亦可贮存起来让它发酵。通常砍梢后的第四天酒竹就开始产酒，时间可持续一个月。这种竹含酒精二十度，味道纯正，香甜可口，清热止渴，强身健胃，是一种上等饮料，很受当地人们的欢迎。

含盐最多的树

在我国黑龙江省与吉林省交界处，有一种六七米高的树，每到夏季，树干就像热得出了汗。"汗水"蒸发后，留下的就是一层白似雪花的盐。人们发现了这个秘密后，就用小刀把盐轻轻地刮下来，回家炒菜用。据说，它的质量可以跟精制食盐一比高低。于是，人们给了它一个恰如其分的称号——"木盐树"。

树如何能产盐？说来话就长了。一般植物喜欢生长在含盐少的土壤里。可有些地方的地下水含盐量高，而且部分盐分残留在土壤表层里，每到春旱时节，地里出现一层白花花的碱霜，这就是土壤中的盐结晶出来了。人们把以钠盐为主要成分的土地叫作盐碱地，山东北部和河北东部的平原地区有不少这样的盐碱地。还有滨海地区，因用海水浇地或海水倒灌等原因，也有大片盐碱地。植物要能在这样的土壤里生存，的确得有些与众不同之处。否则，根部吸收水分就会发生困难，同时，盐分在体内积存多了也会影响细胞活性，会使植物被"毒"死。

木盐树就是利用"出汗"方式把体内多余盐分排出去的。它的茎叶表面密布着专门排放盐水的盐腺，盐水蒸腾后留下的盐结晶，只有等风吹雨打来去掉了。瓣鳞花生活在我国甘肃和新疆一带的盐碱地上，它也会把从土壤中吸收到的过量的盐通过分泌盐水的方式排出体外。科学家为研究它的泌盐功能，做了一个小实验，把两株瓣鳞花分别栽在含盐和不含盐的土壤中。结果，无盐土壤中生长的瓣鳞花不流盐水，不产盐；含盐土壤中的瓣鳞花分泌出盐水，产盐了。所以，木盐树和瓣鳞花虽然从土壤

滨藜

大米草

中吸收了大量盐分，但能及时把它们排出去，以保证自己不受盐害。新疆有一种异叶杨，树皮、树杈和树窟窿里有大量白色苏打——碳酸钠，这也是分泌出的盐分，只是不同于食盐罢了。

我国西北和华北的盐土中，生长着一种叫盐角草的植物。把它的水分除去，烧成灰烬，结果一分析，干重中竟有45%是各种盐分，而普通的植物只有不超过干重15%的盐分。这样的植物把吸收来的盐分集中到细胞中的盐泡里，不让它们散出来，所以，过多的盐并不会伤害到植物自己，并且它们能照样若无其事地吸收到水分。碱蓬也是此类聚盐植物。

阿根廷西北部贫瘠而干旱的盐碱地上有许多藜科滨藜属的植物，它们能够大量吸收土壤中的盐分。阿根廷人利用这一特点，在盐碱地上种了大片的滨藜，让它们吸收土壤中的盐分，改善土壤结构，增加土壤肥力。据报道，1公顷滨藜每年可吸收1吨盐碱。在此处建牧场真是合算，牛很爱吃滨藜，长肉又快。盐碱地上种草除盐碱，养牛产肉，这真是一举数得。

长冰草不同于木盐树、盐角草和滨藜，它虽然生活在盐分多的环境里，但它坚决地把盐分拒绝在体外，不吸收或很少吸收盐分。它的品性可以说是洁身自好、冰清玉洁。前三类植物表面上近朱则赤，近墨则黑，实际上它们坚持原则，不被"腐蚀"。

全世界种植粮食的土地受盐碱危害的面积正日益扩大，现共有57亿亩成了盐碱地。我国也有4亿亩盐碱土，黄淮海平原是重要的农业区，却有5000万亩盐碱地。利用盐生植物来治理盐碱地，是一个好方法。

我国海岸线很长，海滨盐碱地也很多，庄稼不易生长。现在，50万亩海滩种上了耐盐碱、耐水淹的大米草，不但猪、牛、羊、兔特别爱吃，而且能保护堤坝和海滩，促使海中的泥沙淤积，然后围海造田。在种过大米草的海滩上培育的水稻、小麦、油菜和棉花的产量，比不种大米草的海滩高得多。因此，人们把大米草赞誉为开发海滩的"先锋"。

世界奇花

花卉是大自然进化的瑰丽产物。地球上的奇花浩如烟海，争荣竞秀，各显其能。现撷取数朵供读者欣赏。

十里香花——在欧洲的荷兰，有一种白色野蔷薇，香味很浓，十里之外都能闻到，是当今世界上香气传得最远的花。

千瓣莲——千瓣莲是一种稀有的观赏植物，属睡莲科，产于湖北省当阳县玉泉寺。其叶茎与一般莲无显著区别，惟花瓣特别繁多，形态富丽。每朵花常在1000瓣左右，花瓣重重叠叠，由大而小，愈近花心愈密集，故名千瓣莲。每年盛夏开花，花期近3个月，花期初呈墨紫红色，逐渐变淡，当花开到粉红色时，便开始凋谢。

蔷薇

飞刀花——在秘鲁索千米拉斯山里，有一种会伤害人的野花。这种花不到半米高，花有脸盆那么大，每朵花有 5 个花瓣，花瓣边缘上生满针那样尖利的刺。如果碰它一下，它的花瓣就会猛地飞弹开伤人，轻者伤皮，重者留疤。

指北花——生长在非洲大那马瓜沙漠中的哈斯盟斯花，同向日葵一样也有向阳性。不过，由于它所处的位置是在赤道以南，而太阳则是从它的北方向它照射，所以它的花朵总是指向北方。

纵火花——在南美洲的大森林深处有一种纵火花，这种花呈金黄色，非常美丽。花瓣内含有丰富的挥发性芳香油，如果晴空万里，空气干燥，这种花就会自燃。星星之火，往往酿成森林大火。

响花——生长在澳大利亚的蜡菊，是一种夏天开放的花，由于花瓣质硬而干燥，当人们触摸或微风吹拂时，花瓣互相磨擦发出沙沙响声，因此，当地人把它称为响花。

产糖花——在柬埔寨，生长着一种糖棕树，花朵很大，含糖量达 15%。人们将一节节的毛竹悬挂在糖棕树上，再用刀子将花刺破，便可使糖汁滴入竹筒，供人享用。

地下花——澳洲有一种花是生长在地下的。它由横生的根茎和白色的分枝组成，每一分枝上头都有一株花芽，呈粉红色，很像兰花。地下花不见阳光，但能开花结籽。

灯花——在古巴有一种夜光花，含有荧光素。每逢盛夏的傍晚开放，天亮前凋谢。当地人用它装点节日的夜晚，或是欢聚一堂，举办夜光花观赏晚会，千树万花一齐开放，格外迷人。

握手花——在非洲喀麦隆，有一种花的茎部长着很多刺激腺，只要受到外来的刺激，它马上就把花瓣紧紧缩起来。如果你用手去摸花朵，花朵就会把你的手"握"住，所以被人们称为"握手花"。

最有趣的"植物武器"

1. 植物"箭"

非洲中部的森林中，有一种长着坚硬、锐利的刺的树木，当地居民称之为"箭树"。箭树的叶刺中含有剧毒，人、兽如被它刺中，便会立即伤命致死。有趣的是，当地的黑人常用这种箭树做成箭头和飞镖，用来猎获野兽、抗击敌人！

2. 植物"枪"

植物"枪"中威力最大的要数美洲的沙箱树了。它的果实成熟爆裂时，能发出巨响，竟会把种子弹出十几米之外。所以，只要沙箱树结好果实后，人们便不敢轻易地接近这种植物"枪"了

喷瓜

3. 植物"炮"

喷瓜号称植物"炮"，它生长在非洲北部。由于它的果实成熟以后，里边充满了浆液，所以喷瓜一旦脱落，浆液和种子就"嘭"的一声，像放炮似地向外喷射，要是有人在场，那准得轰得他落花流水！

4. 植物"地雷"

在南美洲的热带森林里，生有一种叫马勃菌的植物，它可是一种植物"地雷"哩！这种植物结果较多，个头很大，一个约有 5 公斤左右重。别看它只是横"躺"在地上，人不小心踩上这种"地雷"，立即会发出"轰隆"一声巨响，同时还会散发出一股强有力的刺激性气体，使人喷嚏不断，涕泪纵横，眼睛也像针刺似的疼痛。所以，人们管它叫"植物地雷"。

世界上最长的植物

在非洲的热带森林里，生长着参天巨树和奇花异草，也有绊你跌跤的"鬼索"，这就是在大树周围缠绕成无数圈圈的白藤。

白藤也叫省藤，我国云南也有出产。棕榈科省藤属植物。云南特有种。主要分布于西双版纳海拔 1500 ~ 1800 米的山地常绿阔叶林中，最北分布到怒江州贡山县独龙江河谷。茎攀援，单生；带叶鞘的茎粗 1.5 ~ 2.5 厘米，裸茎粗 1.0 ~ 1.3 厘米。叶羽状全裂，长约 90 厘米，叶轴顶端不具纤鞭；羽片在叶轴上每侧有 6 ~ 11 片，不等距排列，长 30 ~ 35 厘米，宽 4.5 ~ 5 厘米。雌雄异株。果实椭圆形至近球形，长 1.8 厘米，直径 1.5 ~ 1.7 厘米，鳞片 15 ~ 18 纵列，干时红褐色；种子长圆形，扁压，表面具瘤突，胚乳嚼烂状，胚基生。藤茎柔韧，质地优良，是编织藤制家具的优质原料。茎尖营养丰富，可作野菜食用。一般用种子繁殖，也可用组织培育方法繁殖苗木后再大量种植。藤椅、藤床、藤蓝、藤书架等，都是以白藤为原料加工制成的。

白藤茎干一般很细，有小酒盅口那样粗，有的还要细些。它的顶部长着

白藤

一束羽毛状的叶，叶面长尖刺。茎的上部直到茎梢又长又结实，也长满又大又尖往下弯的硬刺。它像一根带刺的长鞭，随风摇摆，一碰上大树，就紧紧的攀住树干不放，并很快长出一束又一束新叶。接着它就顺着树干继续往上爬，而下部的叶子则逐渐脱落。白藤爬上大树顶后，还是一个劲地长，可是已经没

有什么可以攀缘的了，于是它那越来越长的茎就往下堕，以大树当作支柱，在大树周围缠绕成无数怪圈圈。

白藤从根部到顶部，达 300 米，比世界上最高的桉树还长一倍呢。资料记载，白藤长度的最高纪录竟达 400 米。陆地上没有比这更长的植物了。

北美红杉、道格拉斯黄杉和王桉，虽然都有身高超过 110 米的记录，被称为"世界最高的树"，但却不是身体最长的植物。

据《吉尼斯世界纪录大全》记载，美国加利福尼亚州有一株来自中国的豆科植物白藤，是 1892 年栽种的，迄今已逾百年。它的身长达到 150 多米，覆盖了几乎一英亩的面积，体重 252 吨。这株巨大的白藤，春季开花时的景色极为壮观，在持续 5 个星期的花期内，陆续开放的花朵有 150 万之多，因此被列为世界最大的花木。

过去，滇南，滇西地区省藤资源十分丰富，种类也多。由于过度采伐，省藤大量减少。现在用的省藤，主要是境外边民背进来出售的。当地人把省藤分为"饭藤"和"糯藤"两种。用"饭藤"做骨架，用"糯藤"剖成篾片，编织藤椅、藤凳、藤桌，很受人们的喜爱，差不多每家每户都有一两件藤篾编织的用具。用省藤做的拐杖，也十分别致，是一种文明和身份的象征，倍受文人雅士、达官显贵的青睐。

在古典的文学名著《三国演义》中有诸葛亮征南蛮时在盘蛇谷火烧藤甲兵的描述。藤甲兵的铠甲就是用省藤编织的。诸葛亮面对身穿铠甲、刀剑不入的 3 万蛮兵，束手无策，节节败退。后经过调查研究，编铠销甲的藤生于山间林中，盘于石壁之上，铠甲编好后，浸于油中，半年后方取出晒干，晒后再浸于油中，反复多次，所以刀枪不入。惯用火攻的诸葛亮，一把火烧得 3 万蛮兵鬼哭狼嚎，尸魂遍野，臭气冲天。诸葛亮看到这惨状，垂泪而叹曰："我虽有助于社稷，必损寿矣！"

最早的陆上植物

最早的植物生长在水中，蓝绿藻就是它们的祖先，距今 35 亿年前的太古代时就有化石了。而陆地植物的出现却晚得多，因为这些植物属于高等植物，通俗的说，有根、茎、叶的分化和具有多细胞的雌性生殖器官和胚。这类植物以被化石记录证实了，称为囊蕨。

大约在距今 4 亿年前的志留纪晚期，地壳发生了一次规模较大的变动，出现了大批新生陆地。一些原来生长在海滨潮汐带上的绿藻，经常随着海水的进退而过着两栖生活，有一些无法适应新环境而趋于灭亡，而另一些种类则在心环境里改造自己，增强了变异性能，这就是顶囊蕨，最初出现于志留纪晚期，到泥盆纪时，迅速遍及北半球各地和澳大利亚。蕨类植物是一群既古老又复杂的植物类群。根据古植物化石推断，古代和现代生存的蕨类植物的共同祖先，都是距今 4 亿年前出现的裸蕨植物。

低等藻类植物在水域中生活发展了近十亿年的时间，在距今约 4.4 亿 ~ 4 亿年前的志留纪末和下泥盆纪时期，由于环境条件的巨大变化和植物体本身适应能力的不断增强，增加了藻类植物登陆的可能性。但是只有那些经过自然选择，能初步适应陆生环境的变异类型才能存活下来，这就是最早的以裸蕨植物为代表的陆生植物。裸蕨植物的出现，是植物发展史上的又一次巨大飞跃。

裸蕨植物因无叶而得此名。这类植物曾在距今 3.9 ~ 3.7 亿年前的早、中泥盆纪盛极一时，广布全球，是当时陆生植物的优势种。直到距今 3.6 亿年的晚泥盆纪才趋于绝灭。

裸蕨植物一般体型矮小，结构简单，高的不过两米，矮的仅几十厘米。植物体无真正的根、茎、叶的分化，仅有地上生的极其细弱的二叉分枝的茎轴和地下生的拟根茎。但是却出现了维管组织，在茎轴基部和拟根茎下面，又长出了假根。这不但有利于水分和养分的吸收及运输，而且加强了植物体的支持和固着能力。与此同时，茎轴的表皮上产生了角质层和气孔，以调节水分的蒸腾；孢子囊长在枝轴顶端，并产生了具有孢粉质外壁的孢子，坚韧的外壁使其不易损伤和干瘪，有利于孢子的传播。这些结构都是裸蕨比它们的祖先——藻类更能适应多变的陆生环境的新组织器官。这些组织器官与现代的高等植物相比，确实是非常简单和原始的，但是，裸蕨植物正是依靠这些简单的组织和器官解决

裸蕨

了它们在陆生环境中所面临的一些主要矛盾，并且为沿着这样的道路继续衍生越来越高等的陆生植物奠定了初步的基础。由此看出，裸蕨植物是由水生到陆生的桥梁植物，也是最原始的陆生维管植物。

裸蕨植物并非一个自然分类单位，而是一个极其庞杂的大类群。通过化石资料分析。它们大致可分为三种类型，即瑞尼蕨型；工蕨型和裸蕨型。这三种类型的植物又都是来自最原始的裸蕨植物——顶囊蕨，由于顶囊蕨的孢子囊是光的，所以又叫光蕨。

1937 年发现于英国、捷克斯洛伐克和美国，1966 年在我国云南也曾采到化石。顶囊蕨的茎轴不到 10 厘米高，非常纤细，二叉分枝，维管束也为二叉分枝，环纹管胞，孢囊顶生，孢子同型，肾形，是惟一的最古老的陆生维管植物。

1. 瑞尼蕨型

这一类植物的典型代表是瑞尼蕨，1917 年发现于英国的苏格兰。它是一群构造简单的小型草本植物。孢子体没有地上部分与地下部分的明显分化，地下的拟根茎向下长着一些单细胞的丝状假根，向上长着直立或以二歧式分枝为主的立轴。高 18—50 厘米，粗 3 毫米，中柱细弱，中央无髓，有环纹管

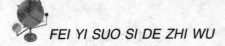
胞组成的木质部，其外围有一层薄壁细胞所组成的韧皮部，是一种最原始的中柱类型。立轴及分枝无叶，表面具角质化的表皮，其上有稀疏分布的气孔，枝顶有单生的孢子囊。配子体为横卧地上的轴状体，其下生有假根，颈卵器和精子器埋生在假根之间的配子体组织中。这些特征，和现代蕨类植物完全一致。从这样一个原始的瑞尼蕨类型，向着两个途径演化。一条是，瑞尼蕨的能育和不育的顶枝简化，孢子囊聚合生长，并产生新的拟叶，由于枝的缩短，孢子囊由顶生变为侧生，也就是聚囊位于拟叶上方的短枝顶端，成为蕨类植物中的松叶蕨类。另一个途径是，瑞尼蕨产生近似轮生的叶子，孢子囊穗上的孢子囊倒生、悬垂于反卷的小枝顶端，成为歧叶和芦形木。由此进一步演化为具轮生分枝和孢子囊柄弯曲的木贼类。

2. 工蕨型

工蕨型的代表植物是工蕨。它的地上和地下部分的区别尚不明显，也无根、茎、叶的分化，长在地面的拟根茎部分，由于常常发生"工"字形的分枝，构成一种特别复杂的盘根错节的状态。它的枝轴内部具有简单的单体中柱和外始式的初生木质部，这都表明了它的原始性质。工蕨不同于其他裸蕨植物的最大特点是，它在枝轴顶部组成穗状的侧生孢子囊，它们大都成肾形，基部有短柄，并有沿着前缘切线开裂以扩散孢子的细胞加厚带。

瞾蕨

工蕨型植物出现得比瑞尼蕨型植物晚，它是从较早出现的瑞尼蕨型植物的原始类型衍生出来的。后来发现的一种早泥盆纪植物肾囊蕨，其植物体二歧式分枝和孢子囊单个顶生和瑞尼蕨型植物中的顶囊蕨一致，而孢子囊呈肾形，并前缘切向开裂，却又非常近似工蕨型植物。这一中间类型植物的发现，进一步说明了工蕨型植物是由瑞尼蕨的原始类型通过肾囊蕨演化来的。后来工蕨型植物发生了一次多方向的演变，经过星木发展成为原始的石松类植物。其中一部分就成了现代石松类的远祖。

3. 裸蕨型

裸蕨型植物的代表为裸蕨。它的主轴比较粗壮，并常呈假单轴式的分枝，侧枝二歧式，分枝次数较多，生殖细枝末端顶生着很多成对的或小束

肾蕨

状的孢子囊，它的主轴明显的比侧枝粗，外部形态比瑞尼蕨型复杂。裸蕨的维管束木质部和主轴的直径相比，已经粗大得多了，从木质部的结构多少可以说明它和瑞尼蕨型植物的某些渊源关系。这也就是说，裸蕨型植物发源于瑞尼蕨的原始类型。

从裸蕨的形态结构和由几层厚壁细胞组成的外皮层，都说明足够支撑一个相当大的植物体了。裸蕨的孢子囊可纵向开裂以传播孢子，这是比较进步的。它是裸蕨型植物中最高级的类型。值得我们特别注意的是，在裸蕨型植物中，有一种叫三枝蕨的裸蕨型植物，它生存于早泥盆纪末，在它的主轴上长着螺旋状排列的侧枝，侧枝从主轴长出后，很快就发生一次相等的三叉式分枝，这种三叉式的每小枝向前长出不远，就又发生一次不等的三叉式分枝和两次二歧式分枝，然后在每个末级细枝顶端，生长成对的或三个彼此紧靠成束的孢子囊。从三枝蕨的分枝形式和顶生成束的孢子囊以及所在的地质时代，无不说明它和其他裸蕨型植物具有密切的关系。但是植物体已很粗壮，加上枝轴形态结构的特别复杂，则为一般裸蕨型植物所不及，因而它很像是裸蕨植物与更高级的维管植物之间的过渡植物或中间类型。由此发展为真蕨类和前裸子植物后者再进一步演化为各类裸子植物。

可以这样说，所有的陆生高等植物，除了苔藓植物以外，都是直接或间接起源于裸蕨植物，没有任何一种陆生维管植物能够绕过裸蕨植物而直接发源于水生藻类的。因此，裸蕨植物在植物界的系统发育中，上承生活在水中的藻类，下启陆生的蕨类和前裸子植物，是植物界系统演化中的主干。

品质最好的纤维植物

在各种植物纤维中，苎麻纤维品质最好。它的纤维细胞最长，达620毫米，而且坚韧，富有光泽，染色鲜艳，不容易褪色。纯纺或混纺成各种粗细布料，既美观又耐用。苎麻纤维的抗张力强度要比棉花高8~9倍，可以做飞机翼布、降落伞的原料以及制造帆布、航空用的绳索、手榴弹拉线、麻线等各种绳索。苎麻纤维在浸湿的时候，强度特别增大，吸收和发散水分快，而且具有耐腐、不易发霉的特性，是制造防雨布、渔网等的好材料。苎麻纤维散热也快，不容易传电，因此，可以做轮胎的内衬，电线的包皮，机器的传动带等。

我国栽培苎麻历史悠久，从唐朝的时候已经能充分利用苎麻纤维。现在我国的苎麻，不论是栽培面积还是总产量都占世界第一位。

苎麻属于荨麻科苎麻属的多年生宿根性草本植物。苎麻源产于中国，全世界80%的苎麻来自中国，中国苎麻在国际市场上享有独特的地位，被称为"中国草"。在中国，70%的苎麻来自湖南。苎麻纤维具有长而细，外观洁白，透气性好，强力大，不易受霉菌腐蚀和虫蛀。因而有着独特的风格，独特的用途，是我国重要的纺织纤维原料作物之一。苎麻与阳光、温度、水分、土壤养分有着密切的关系，向阳地的麻出苗早，有效株多，麻株粗壮，叶色深绿，成熟早，麻皮厚、产量高。反之，产量低。温度对苎麻的正常生长起决定性作用，苗期生长适宜温度在11~32℃左右，最适温度在23~29℃，到生长速期适温12~28℃左右，最适温度24~27℃，到纤维成熟期适温为17~32℃左右，气温在17℃以下对纤维成熟不利。苎麻在生长期需要足够的水分，一般要求年降雨量800~1000毫米以上，而且分布均匀，干旱不但影响苎麻产量，还会使麻蔸受害。但是，苎麻不耐水淹，排水不良或地下水位高，会使麻株生长矮小，叶带黄色，茎秆细弱，出麻率低，甚至根部腐烂，造成败蔸。所以保产必先保蔸，保蔸必先排水。苎麻对土壤的适应性比较强，无论中性土壤或酸性土壤都可以生长，但以选择土层深厚，土质肥沃，排水良好，背风向阳的地方建立麻园为宜。

苎蔴

那么如何栽培它呢？

苎麻以地下茎和根系留地越冬。日平均气温上升到9℃左右时，地下茎的芽开始出土，生长的最适温度为17～30℃；低于3℃时生长停止；0℃以下麻苗受凉而死。当土层5厘米以下的地温降到－3℃时地下茎遭受冻害。要求年雨量1000毫米以上，在生长季节中均匀分布，适宜相对湿度为80%～85%。当温度和雨量适宜时，地上茎每天可生长3～6厘米。干旱则生长停滞，纤维中木质素含量增加。如地下水位过高或排水不良，地下茎和根容易腐烂。丘陵、山区和平原都可栽培，但土层必须深厚。土壤pH以6～7为宜。苎麻是短日照植物。昼夜的长短会影响开花的迟早和雌、雄花数的比例；短日照条件下开花提早，雌花多，延长日照则开花期延迟且多生雄花。在中国，常在秋季开花、结实。

苗株宜选避风处栽植。春季一般采用穴栽，穴、行距均为50～75厘米。每穴栽地下茎1～3块（段）或麻苗1～2株。条栽时行距70～80厘米，株距18～24厘米。须施足基肥。新麻田的管理以查苗补缺、松土、除草和追肥提苗为主。苎麻田多在严冬来临前采取深中耕、深施肥和客土覆盖等措施，以疏松土壤、增厚土层、改良土质，为下年麻株生长提供缓效性养料，并可防地下部分受冻害。当苎麻亩产140公斤粗制纤维时，每产100公斤约需纯氮10.3公斤，磷酸2.5公斤，氧化钾13公斤。在全年总施肥量中，冬肥约占40%～60%，以有机肥为主。春天头季麻出苗和每次收获后，即施速效氮肥为主的追肥。剥麻时留下的茎叶残渣也可用以肥田。干旱季节可用湖草、树叶等覆盖地面以减少土壤水分蒸发。灌水应随灌随排，防止洒水。种植多年的麻田，若因地下部分生长过密或病虫害、渍害等而引起衰败时，应进行疏蔸，增施有机肥，加强病虫害防治。严重衰败的麻田，要挖去老蔸，改种其他作物，进行几年轮作后，再栽新麻。

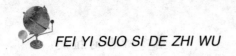
最甜的植物

我们日常食用的糖，基本上是从甘蔗和甜菜中提取的。经测定，这种食糖由于含脂肪等物质，热量高，摄食过多易使人患糖尿病，并容易使人发胖。为此，科学家早就在努力寻找机关报的糖源植物了。

1969 年，从南美洲传来了令人振奋的消息：日本的住田哲也教授在巴西和巴拉圭交界的高山草地上，发现了一种更好、更甜的糖源植物甜叶菊。这是一种菊科植物，多年生草本，每年 9 月开出许多白色的小花，颂上在海拔 500～1000 米的高山草地上，格外引人注目。

其实，在住田哲也之前，当地人早就知道这种植物是甜的了，他们叫它为"甜草"、"蜜菊"，用它来泡茶喝。住田哲也尝试将这种野生植物变为栽培植物，发现它生长很快。第一年，甜叶菊能长到 80 厘米高，第二年高达 2 米。收割时，将离地 10 厘米的干茎割去以后它又可重新萌发，长了再割，这样一年可以收割 4 次以上。由于甜菊要比目前的食糖甜 150～300 倍，因此，大约每亩甜叶菊可抵得上 10～20 亩甜菜，是一种十分合算的糖源植物。

使人们惊喜的是，甜叶菊糖的含热量只有食糖的 1/300，多吃也不会对人体有害，被称为"健康长寿之药"。

甜叶菊

甜叶菊并不是世界上最甜的植物。在西非塞拉利昂到扎伊尔的热带雨林中，有一种特别甜的植物凯特米，这种植物高约 2 米，成熟的果实是红色的三角锥形，一年可收两次。当地的居民很早就将它作为一种甜料来食用了。人们把它的皮浸泡在水中，水就变得很甜了。

1841 年，有个英国外科医生曾在西方介绍过凯特米，但并未引起人们的注意。直到 100 多年后，在寻找食糖代用品的热潮中，才有人重新想起了它。科学家从凯特米中提取出一种叫索马丁的物质，它的甜度竟比食糖要甜 3000 倍，被誉为"甜王"。

竹芋

以后，科学家们又在热带森林里发现了一种叫"西非竹芋"的草本植物，它的叶子宽大，在靠近地面处开花结果，红色的果实有胡桃般大。它要比食糖甜 3 万倍，比索丁马还高 10 倍。

这是不是世界上最甜的植物了呢？不是。在非洲还有一种藤本植物，红珊瑚色的浆果，它的外形很像野生葡萄，逗人喜爱。在果实里有一粒种子，从种子中提取出来的甜味物质甜度极高，据测定是食糖的 9 万倍。

有趣的是，人们吃了这种糖分极高的果实，不但不腻人，而且口腔里的甜爽香味能保持较长的一段时间，以致当地华侨它取了一个美名——喜出望外果。

喜出望外果仍然称不上是"甜王"。二十世纪 80 年代初，科学家在非洲的加纳热带森林中发现了一种叫"卡坦菲"的植物，用它提取的"卡坦菲精"，其甜度竟是食糖的 60 万倍！

卡坦菲可说是目前世界的"甜王"了，不过它能占据这宝座多少年呢？让我们拭目以待吧。

最著名的灭虫植物

夏夜里，蚊虫嗡嗡，常搅得你不能入眠。挂一顶蚊帐，又使人憋气。如果临睡前点一盘蚊香，那袅袅上升的青烟，就会使蚊虫晕头转向，倒栽葱似地跌落下来，一命呜呼。你便可以睡一个酣甜美觉。

为什么蚊香能杀灭蚊虫？原来，它里面含有除虫菊的成分。除虫菊在其花朵中含有0.6%～1.3%的除虫菊素和灰菊素，除虫菊素又称除虫菊酯，是一种无色的粘稠的油状液体，当蚊虫接触之后，就会神经麻痹，中毒而死亡。

除虫菊不仅可以除灭蚊虫，而且可杀灭农作物和林木、果树的害虫。它和烟草、毒鱼藤合称为"三大植物性农药"。在夏秋之间，把即将开放的除虫菊花朵采摘下来，阴干后磨粉，过120～150目的筛子。每斤除虫菊粉加200～300倍的水，并酌加肥皂做成悬浮液，搅匀后喷洒，可以防治农业上的多种害虫。即使把除虫菊草整个浸泡在20倍的水中，也有良好的防治效果。如果把50%的除虫菊粉，48%的榆树皮粉，1%的萘酚，1%的色粉配在一起，再加入一定量的水调成糊状，就可制成蚊香。

除虫菊是菊科的多年生草本植物。约有半米高，从茎的基部抽出许多深裂的羽状的绿叶，在绿叶之中簇拥着野菊似的头状花序，花序的中央长着黄色的细管状的花朵，外周镶着一圈洁白的舌状花瓣。看起来，淡雅而别致。

除虫菊

除虫菊属菊科多年生草本植物，主要含有除虫菊素和灰菊素，花、茎、叶均可制除虫菊酯类农药，是合成敌

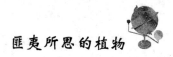

杀死、速灭杀丁及制成蚊香、避蚊油、灭虱粉的重要原料，因此，人工栽培除虫菊，具有广阔的前景。

中科院昆明植物研究所、湖北科诺植物农药研究所等科研部门，不仅成功地利用除虫菊开发出绿色植物农药，而且筛选出了它的良种。除虫菊一次种植可连收 7 年以上，一般产花高峰年每亩产鲜花 100 多千克、干茎叶 300 ~ 500 千克，每亩收入在 2000 元以上。

5 ~ 6 月间，当舌状花冠尚未完全展开，筒状花冠已渐展开时，花中有效成份含量最高，为采收花的最适时间。除虫菊的花，一般在 10 余天内可以开放完毕，故应选择晴天抓紧采收。收花期是小满到芒种。采摘时要根据花的开放程度分批适时采摘，要平蒂采摘，不带花柄。采后及时晒干，若遇雨天可用 55 ~ 60℃的温度烘干或风干，使含水量下降到 6% ~ 12%。全草在夏秋季采收，晒干备用。除虫菊的花所含杀虫成分容易水解失效，所以必须充分干燥，防潮避光贮存。一般不耐久贮，若贮一年，杀虫效力则减少一半。

除虫菊的繁殖并不困难，用种子、扦插或分株都可。它喜欢排水良好、肥厚的沙质壤土，如果在比较优越的环境条件下，它可以健壮生长，而且除虫菊素的含量亦高。

除虫菊对蜈蚣、鱼、蛙、蛇等动物也有毒麻作用，但对人畜无害。因此使用安全，不污染环境，是理想的杀虫剂，是制造绿色植物农药的首选理想原料。除虫菊还可药用，有治疗疥癣之功效。

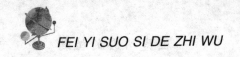

最能忍受紫外线照射的植物

　　太阳光里有一种紫外线，几乎对所有生物都有影响。特别是微生物，受到一定剂量的紫外线照射，十几分钟就会被杀死。所以医院和某些工厂，常用紫外线进行灭菌。

　　高等植物也不例外。根据科学家的研究，如果用相当于火星表面的紫外线强度作为标准，来照射各种植物，番茄、豌豆等只要 3~4 小时就死去；黑麦、小麦、玉米等照射 60~100 小时，能杀死叶片；而南欧黑松照射 635 小时，仍旧活着。这是对紫外线忍受能力最强的植物。科学家估计，象南欧黑松这样的植物，能够在火星上生活一个季节。这一事实证明，在地球以外的行星如火星上，有生物的存在是可能的。

　　黑松是常绿乔木，高达 30 米，胸径 1 米以上。树皮灰黑色，不规则片状剥落。一年生枝淡黄褐色，无毛。冬芽银白色，针叶粗硬，二针一束，长 6~12 厘米。球果圆锥状卵形或卵圆形，长 4~6 厘米，有短柄，栗褐色。种子倒卵状椭圆形，长 5~7 毫米，种翅灰褐色，长 10~12 厘米。花期 4~5 月，果期翌年 10 月。

　　黑松为阳性树种，幼树稍耐阴。根系发达，穿透力强，有菌根共生。喜温暖湿润的海洋性气候，抗风。耐干旱、瘠薄，在荒山、荒地、河滩、海岸都能适应，pH 值 8.0 以下均能生长。不耐水湿，水分过多条件下会引起根系腐烂，抗病虫害能

黑松

力较强。

黑松种子成熟后及时采集，经过暴晒，风选，装袋干藏。翌年春季播种，宜早勿晚，早春开冻后即播种。黑松苗圃地可以多年连作，但不宜选择前茬是瓜类、蔬菜、红薯、土豆等土地。播种前要进行土壤消毒、种子消毒。精选种子每公斤 6 万粒左右，播种量 10 ~ 13 公斤/亩。可采用苗床式或大田式条播，播幅宽 5 ~ 7 厘米，行距 15 ~ 20 厘米，覆土厚度 1 ~ 1.5 厘米。苗高达 25 厘米左右，即可出圃。

栽培管理移栽大苗要带土球，1 年生苗栽植前先沾泥浆。春季、冬季、雨季都可栽植，春季以早春开冻后最好，冬季在土地结冻前栽植，雨季选择下透雨或连阴雨天栽植。栽下后需浇足底水，并设立支柱，以防摇动。黑松怕涝，雨季注意排水，经常松土锄草。黑松与刺槐混交，生长良好。

南欧黑松是黑松的一种，在产地高达 40 米；树冠尖塔形，老树平顶；树皮灰黑色；小枝淡绿褐色，冬芽长 1.5 ~ 3 厘米，先端具突尖，淡褐红色。针叶长 8 ~ 15 厘米，淡蓝绿色，通常直，幼树之叶扭转，树脂道 6，中生，皮下细胞为不连续 2 ~ 4 层。球果长 5 ~ 8 厘米，黄褐色或淡黄色；鳞盾不具放射状条纹，横脊明显凸起，鳞脐较大，不下陷，淡褐色，有光泽，有时具钩状刺尖。原产欧洲南部（意大利南部以及科西嘉等）。

最耐盐碱土壤的植物

我们居住的陆地，在远古时候，有很多地方原来是海洋。后来陆地上升，海水干涸，但海水里的盐分仍旧留在土壤里。这些盐碱，是植物生长的大敌。

一般来说，土壤里的含盐量在 0.5% 以下，可以种普通的庄稼；在 0.5%~1.0% 时，只有少数耐盐性强的作物，如棉花、苜蓿、番茄、西瓜、甜菜等才能生长。

含盐量超过 1% 以上的土壤，农作物就很难生长，只有少数耐盐性特别强的野生植物能够生长。

世界上最著名的耐盐植物是盐角草。它能生长在含盐量高达 0.5%~6.5% 高浓度潮湿盐沼中。这种植物在我国西北和华北的盐土中很多。盐角草是不长叶子的肉质植物，茎的表面薄而光滑，气孔裸露出来。植物体内含水量可达 92%，所含的灰分可达鲜重的 4%，干重的 45%。这些灰分是工业上有用的原料。

盐角草，一年生草本，高 10~30 厘米，全株苍绿色。茎直立，分枝对一，具节。叶退化为鳞片状，顶端锐尖，基部连合成鞘状，边缘膜质。穗状花序，具短柄，腋生，每 3 朵花簇生于节两侧的凹陷内，中间的 1 朵较大们于上部，两侧的较小的，位于下部：花被片结合成口袋状，口部缢缩，上部边缘扩张成菱形；雄蕊 2，伸出花被外：子房卵形，先端渐狭，花柱 1，很短，柱头 2，钻状，有乳头状小突起。胞果卵形，包于膨胀的花被内。种子长圆形，种皮革质，具钩状刺毛，无胚乳，胚马蹄铁形。花果期 6~9 月。

它们生长在生盐碱地、盐湖边、海边、河边湿地。分布于我国华北、西北、华东，朝鲜、日本、俄罗斯（东部西伯利亚）、印度和欧洲一些国家以及非洲、北美各国也有分布。

盐角草是一种典型的湿生盐生植物，在我国新疆主要分布于沟边、盐湖周围湿地以及积水洼地，生境常有季节性积水，土壤粘重，土壤表面常有5～10厘米厚的盐壳或盐聚层，土层为淤泥。根据对3个群落样方土壤盐分背景值的测定，背景土0～10厘米土层土壤含

盐角草

盐量5.77%～6.72%，根际土含盐量3.26%～8.59%时，盐角草群落生长良好。

由于生境积水，土壤盐分重，适生植物很少，因此常形成盐角草纯群，或与一年生的翅花碱蓬、矮生芦苇组成群落，群落覆盖度一般40%～50%，局部地段有时可达80%～100%，群落高度15～30厘米，群落季相明显。由于盐角草先后生长和衰枯时期不同，往往自中心向边缘可看到各色的环带和斑点，呈现彩色的植物覆被。

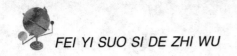
感觉最灵敏的植物

一只蚊子叮在马身上，马会摇头摆尾驱赶蚊子。这是因为动物有灵敏的感觉。

植物有没有感觉呢？你看，夏天的早晨，向日葵露出笑脸，迎接东方初升的朝阳；傍晚，太阳下山了，它又面向西方，跟太阳告别。它从早到晚跟着太阳转来转去。合欢的小叶子一见到阳光就舒展开来，到了夜幕降临的时候，又自动闭合起来。把一盆含苞欲放的郁金香，从比较冷的地方移到温暖的地方，几分钟内就会盛开。这说明，植物受到光、温度等刺激后，会产生各种不同的反应。

如果你用手轻轻碰一下含羞草，它的叶子会很快闭合。触动它的力量大一些，它连枝带叶都会下垂。有人研究过，含羞草在受到刺激后 0.08 秒钟内，叶子就会合拢，而且受到的刺激还能传导到别处，传导的速度最快每秒钟达 10 厘米。在印度有一种植物，人和动物一走近它，它就立即把叶子卷起来。即使你步子很轻，它也能锐敏地感觉到。

毛毡苔

感觉最灵敏的要算那些"吃"虫植物。达尔文曾经作过一次试验，他把一段长 11 毫米的细头发丝，放在毛毡苔的叶子上，叶子上的绒毛也能立即感觉到，马上卷曲起来把头发按住。还有人把 0.000003 毫克的碳酸铵（一种含氮的肥料）滴在毛毡苔的绒毛上，它也能立刻感觉到。这样微小的重

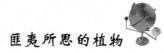

量，人和一般动物是无论如何感觉不到的。这可是感觉最灵敏的植物了。

毛毡苔与青苔并不是同类。它是生长在潮湿的地方或沼泽附近的一种小草，开着美丽的白花。长着一片毛毡苔的地方看起来真像铺着豪华的地毯一样。

毛毡苔的叶子是圆形的，有长柄，叶面上生着许多和刺一样的毛。苍蝇、蜻蜓这一类的昆虫，一落在毛毡苔的叶子上，立刻就会被从毛尖分泌出来的黏液给粘住。这时，昆虫不免惊慌而想挣脱，越挣扎就碰到越多的毛，那些毛转过来阻止这挣扎的昆虫。于是，大多数的毛都纷纷弯转过来，把昆虫裹得紧紧的。结果，昆虫就被困在那儿，被那些从叶子分泌出来的消化液给消化掉，最后被吸收了。叶子要等到把被消化的昆虫完全吸收以后，毛才再伸直，同时，也把未能消化的渣滓丢掉，而恢复原状。

像毛毡苔这类捕食昆虫的植物，叫做食虫植物。食虫植物并不是全靠捕食昆虫来维持生命。它们也照样由根吸收养分，靠叶子进行光合作用和呼吸作用，只是这些机能略逊于其他植物。可以说，昆虫是它比较重要的养分。

颜色变化最多的花

　　桃花红，梨花白，从花开到花落，色彩似乎没有什么变化。但是，在自然界里，有一些花卉的颜色却变化多端。例如：金银花，初开时色自如银，过一两天后，色黄如金，所以人们叫它金银花。我国有种樱草，在春天摄氏20度左右的温下是红色，到摄氏30度的暗室里就变成白色。八仙花在一些土壤中开蓝色的花，在另一些土壤中开粉红色的花。有一些花在它受精以后也会变色。比如棉花，刚开时黄白色，受精以后变成粉红色。杏花含苞的时候是红色，开放以后逐渐变淡，最后几乎变成白色。

　　颜色变化最多的花要数"弄色木芙蓉"了。它的花初开的时候是白色，第二天变成了浅红色，后来又变成了深红色，到花落的时候又变成紫色了。这些色彩的变，看起来非常玄妙，其实都是花内色素随着温度和酸碱的浓度的变化所玩的把戏。

　　弄色木芙蓉又名三弄芙蓉，为锦葵科、木槿属落叶灌木或小乔木，株高2米至5米，枝条密被星状短柔毛，单叶互生，掌状，5裂至7裂，裂片三角形，先端尖，边缘有锯齿，叶柄圆筒形，长达20厘米。花生于叶腋或枝顶，多为重瓣复心，花径15厘米左右，花期9月至11月。据南宋《种艺必用》一书记载：弄色木芙蓉产于邛州，其花一日白，二日鹅黄，三日浅红，四日深红，至落呈微紫色，人称"文官花"。普通的木芙蓉花一般是朝开暮谢，就

三弄芙蓉

是著名的"醉芙蓉",也是早晨初开花时为白色,至中午为粉红色,下午又逐渐呈红色,至深红色则闭合凋谢,单朵花只能开放一天。而弄色木芙蓉却花开数日,逐日变色,实为罕见。由于每朵花开放的时间有先有后,常常在一棵树上看到白、鹅黄、粉红、红等不同颜色的花朵,甚至一朵花上也能出现不同的颜色。

　　弄色木芙蓉喜温暖湿润和阳光充足的环境,稍耐半阴,有一定的耐寒性。对土壤要求不严,但在肥沃、湿润、排水良好的沙质土壤中生长最好。可栽种于庭院向阳处或水塘边,平时管理较为粗放,天旱时注意浇水,每年冬季或春季在植株四周开沟施些腐熟的有机肥,施肥后及时浇水、封土。在寒冷地区地栽的植株,冬季有些嫩枝会冻死,不必管它,等春季气温变暖后就会有新的枝条发出。其修剪在花后进行,树形既可修剪成乔木状,又可修剪成灌木状,但无论哪种树形都要剪去枯枝、弱枝、内膛枝,以保证树冠内部有良好的通风透光性。弄色木芙蓉也可盆栽,盆土要求疏松肥沃,排水透气性良好,生长季节要有足够的水分,以满足生长的需求,冬季移到室内越冬,维持0℃至10℃的温度,以保证其休眠。弄色木芙蓉在花蕾透色时应适当扣水,以控制叶片生长,使养分集中在花朵上,防止花瓣边缘干枯。

　　弄色木芙蓉的繁殖以扦插为主,多在冬春季节进行,插穗宜选取当年生健壮而充实的枝条,每段长10厘米至15厘米,插于沙土中1/2左右,在北方地区应罩上塑料薄膜保温保湿,约1个月左右可生根。此外,也可在6月至7月用压条法繁殖,2月至3月用分株法繁殖。播种繁殖也容易出苗,但变异性较大,一般不采用。

最大的花

池塘里的浮萍，花朵最小，直径不到 1 毫米。桃花直径 2～3 厘米，玫瑰 6～8 厘米，玉兰花 10～18 厘米，花王牡丹 20～30 厘米。

世界上最大的花，是生长在印度尼西亚苏门答腊森林里的大花草的花，直径达 1.4 米，几乎像我们吃饭的圆桌一样大。它有 5 片又厚又大的花瓣，外面带有浅红色的斑点，每片花瓣长 30～40 厘米。一朵花有 6～7 公斤重，花心像个面盆，可以盛 5～6 升水。

大花草，又名大王花，模样十分奇特，无根、无茎，还没有叶子，这简直不像植物。它是过寄生生活的，只有一朵形状很特别的花和一根吸住宿主根部的花柄。它的宿主是一种乌蔹莓属的藤本植物——白粉藤。主要寄生在葡萄科植物上面。花虽然大，却很难欣赏，因为花是臭的而不是香的。产地主要包括苏门答腊岛和加利曼丹岛等。大花草科有些别的种类分布更加广泛，包括我国，不过并没有那样惊人的花朵。在大花草的产地还有巨魔芋，花更大，不过这个花实际上花序而不是真正的花，所以大花草是真正的花中最大的。

大花草

在我们的记忆中，花朵一般都有它自己的芳香，但当走过大花草的身旁时，你闻到的却是一股刺鼻的臭味。大花草硕大无比的花朵，有的颜色非常漂亮，当花初绽的时候，还有点香味，但一两天之后，却散发出一股腐臭，臭不可闻。

不过大花草的臭味，却跟其他

花的香味有着同样的用处。大花草的奇臭也是为了吸引昆虫，特别是那些专吃腐烂物的蝇子和甲虫，来为其传递花粉，借以繁衍后代。大花草如此硕大，它的种子是不是也很大呢？其实不然，它的种子非常微小，它们常常粘在大象的脚上，传播到各地去另立门户。

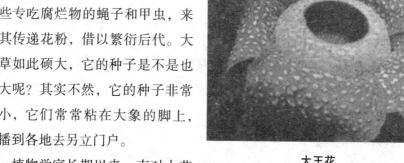
大王花

　　植物学家长期以来一直对大花草感到困惑不解。这种只在东南亚雨林中生长的植物盛开着世界上最大的花朵。但是由于其本身缺乏大量用来对植物进行分类的器官，因此几乎无法确定大花草在植物系谱图上的准确位置，但是最近美国学者发现这种臭花与不少著名的观赏花卉具有很近的亲缘关系。

　　据最近的一期美国科学院学报报道，大花草共有20多种，在分类学上，被归为金虎尾目。而这个目中有许多著名的观赏植物，如一品红、西番莲等。除此之外，学者们也对大花草的一些有趣问题进行了解释，如为什么大花草的气味恶臭扑鼻？为什么其花朵每年只开放一次，且仅持续5~7天？为什么大花草是寄生植物？

　　虽然，大花草不能用来制作情人节花束，但由于难得一见和其独特的体量，多年来一直吸引着很多植物学家。美国西密歇根大学的生物学助理教授托德，巴克曼和他的同事就一直对这种神奇植物十分感兴趣，对大花草进行了详尽的研究。

　　由于大花草属于寄生植物，除了花朵以外，没有根、茎、叶等器官，也就谈不上叶绿体了。通常，植物学家使用叶绿体DNA来确定植物所在的目，对大花草这种特殊植物，巴克曼只得采取特殊的研究手段。他用大花草的线粒体DNA代替叶绿体DNA，来确定大花草的分类地位，因两者可以被认为是一种DNA。

　　通过对线粒体DNA的分析，巴克曼将这种庞大、恶臭的花朵与常见的芳香花卉联系在了一起。发现大花草与金虎尾目有着很近的亲缘关系。同时，从形态学上，他也找到了支持这个结论的证据，虽然大花草体量大，但是从其花朵结构来看，与西番莲十分相似，两者的雄蕊和雌蕊都缠绕在一起，在花朵中央形成一个柱状物，且在柱状物的上方，花蕊都会形成一原型冠状物。

巴克曼还发现，最开始，大花草并非寄生植物，但是在东南亚的热带雨林中，因环境因素的影响，大花草慢慢进化成为现在的寄生状态，它主要寄生于葡萄和扁担藤一类的植物体上，只有在每年一次的开花季节，人们才能察觉到这种植物的存在。

从人类的眼光看，这种庞大、色泽斑驳而且散发着恶臭的花朵，简直就是一团腐肉，这也是为什么苍蝇往往会很容易被这种植物所吸引，在苍蝇看来，也许大花草无论是看起来还是闻起来都是一堆臭肉。

在这种拟态的帮助下，苍蝇会纷纷飞到大花草上，帮助其授粉。但是除了臭气，苍蝇由此什么也得不到。

至于为什么大花草的花期通常很短，巴克曼认为，一般情况下，大型的花朵往往会引起草食动物的注意，如果花期太长会吸引草食动物将其关键的花蕊部分吃掉。

英国皇家植物园——邱园的荣誉研究员、密歇根州立大学教授约翰·毕曼对巴克曼的发现感到十分惊奇。毕曼从1984年就开始研究大花草，但一直对如何确定大花草的分类学地位感到困惑。他对巴克曼及其同事的研究工作给予了充分肯定。

由于东南亚地区的热带雨林不断遭到破坏，毕曼和巴克曼对大花草的命运部感到担忧，毕曼表示，一旦雨林中大花草赖以生存的扁担藤等寄主植物消失了，大花草也就灭绝了。也许这一天不久就会到来。

寿命最长和最短的花

在自然界里，有千年的古树，却没有百日的鲜花，这是什么道理呢？因为，花儿都是比较娇嫩的，它们经不起风吹雨打，也受不了烈日的曝晒，因此，一朵花的寿命都是比较短促的。例如：玉兰、唐菖蒲等能开上几天；蒲公英从上午七时开到下午五时左右；牵牛花从上午四时开到十时；昙花从晚上八九点钟开花，只开三四个小时就萎谢了。由于它开花时间短，所以有"昙花一现"的说法。你也许以为昙花是寿命最短的花吧？不是。南美洲亚马逊河的王莲花，在清晨的时候露一下脸，半个小时就萎谢了。而实际上，世界上寿命最短的花是小麦的花，它只开5分钟到30分钟就谢了。

小麦花的结构，排列为复穗状花序，通常称作麦穗。麦穗由穗轴和小穗两部分组成。穗轴直立而不分枝，包含许多个节，在每一节上着生1个小穗。小穗包含2枚颖片和3~9朵小花。小麦花为两性花，由1枚外稃、1枚内稃、3枚雄蕊、1枚雌蕊和2枚浆片组成。其外稃因品种不同，有的品种有芒，有的品种无芒。

麦抽穗后如果气温正常，经过3~5天就能开花；晚抽的麦穗遇到高温时，常常在抽穗后1~2天，甚至抽穗当天就能开花；抽穗后如遇到低温，则需经过7~8天甚至十几天方能开花。

在正常天气，小麦上午开花最多，下午开花较少，清晨和傍晚很少开花。因此，上午是采集花粉和授粉的最好时间，而母本去雄的最好时间则在清晨和傍晚。一朵花的开花时间一般为15~20分钟。一个麦穗从开花到结束，约需2~3天，少数为3~8天。

就全株来说，主茎上的麦穗先开，分蘖上的麦穗后开；就1个麦穗来说，中部的小穗先

小麦

兰花

开，上部和下部的小穗后开；就1个小穗来说，基部的花先开，上部的花后开。

小麦授粉方式与水稻相同，为自花授粉作物，但有一定的天然杂交率。其天然杂交率在1%以下。但杂交率随气温和品种不同而有区别。开花时如遇到高温或干旱，天然杂交率就容易上升。因为在高温干旱条件下，花粉极易失去生活力（在正常气候条件下，其生活力也只保持几个小时），而柱头的受精能力却往往能保持一段时间，一旦气温下降或干旱减轻，则能接受外来花粉，发生天然杂交。有些小麦品种，开花时稃片开张较大，开放时间较长，天然杂交的机会增多。

世界上寿命最长的花，要算生长在热带森林里的一种兰花，它能开80天。

兰花是单子叶多年生草本植物，有假球茎和肉质肥大的丛生根，带形或线形叶从假球茎抽生，假球茎有多个不定根的生长点，呈圆形、椭圆或长椭圆形，上面还有不定数的薄鳞片，素有假鳞茎之称。这些鳞片腋间有七八枚不定芽。新苗就是从这些不定芽中抽出的。

兰的根，粗壮肥大，肉质分枝少，偶有生出支根的，无根毛。外层为根皮组织，内层为皮层组织，皮层组织细胞较发达，有根菌共生，故兰花又称为菌根植物。

兰花是中国传统名花，是一种以香著称的花卉。它幽香清远，一枝在室，满屋飘香。古人赞曰："兰之香，盖一国"，故有"国香"的别称。

兰的叶终年常绿，它多而不乱，仰俯自如，姿态端秀、别具神韵。中国自古以来对兰花就有看叶胜看花之说。它的花素而不艳，亭亭玉立。

兰花以它特有的叶、花、香独具四清（气清、色清、神清、韵清），给人以极高洁、清雅的优美形象。古今名人对它评价极高，被喻为花中君子。在古代文人中常把诗文之美喻为"兰章"，把友谊之真喻为"兰交"，把良友喻为"兰客"。

开花最晚的植物

沙漠中的短命菊，出苗以后几个星期就开花结果，完成了生命周期。大多数草本植物，出苗后在当年开花或隔年开花，如水稻、玉米、棉花是当年开花，小麦、油菜是隔年开花。

一般木本植物开花比较晚：桃树三年，梨树四年，银杏出苗后要经过二十多年才开花，所以有"公公种树，孙子收实"的说法。毛竹要经 50 到 60 年后才开花，它一生只开一次花，花开完后就逐渐死亡。

开花最晚的树要算生长在玻利维亚的拉蒙弟凤梨。这种植物要生长一百五十年后才开出圆锥形的花序，它的一生也只开一次花，花后就死亡。

凤梨，株型美丽多变，花穗艳丽且可保持数月之久，是极为理想的室内观赏植物。凤梨被视为吉祥和兴旺的象征。早在几百年前，欧洲的皇室及贵族就以观赏凤梨及其雕刻品装饰室内。美国有许多凤梨爱好者，他们组织了世界凤梨花协会，每年举办年会和品种品评比赛。

说起凤梨的形态，真可谓千姿百态，有的高大如树；有的株高却仅为 15 厘米；有的花大如盆，直径有 30 厘米；有的凤梨可以长在岩石上、空气中。凤梨的世界实在是太奇妙了。

凤梨科大约有 50 多个属 2500 余种，主要分布于南北美洲。此外还有数千个杂交品种。凤梨叶序的排列形状，有的是对称平滑放射伸展，有的是卷曲形。叶色大部分是深浅不同的绿色，有的杂有斑点样的其他颜色。花穗常带有各种强烈耀眼的颜色。

凤梨科几乎有一半以上的种是附生的，在原产地它们长在大树、岩石或雨林中腐败的枝叶上。栽培时，也要栽在通透性良好的介质上才能生长良好，如擎天凤梨，莺歌凤梨都属于这一类；也有许多品种是栽在地上的，如菠

凤梨

萝等。

附生性不同于寄生性，它对宿主不会造成伤害，只是栖附在宿主上，以获取充分阳光。因为在热带雨林中，树下是很阴暗的。附生类凤梨的根都很细，主要功能是固着于树上或岩石上，水分和养分的吸收都经由基部叶肉组织进行。

观赏凤梨生命力很强，耐热耐旱，但有些怕冷，低于5℃的气温就会让它受不了。它的最大弱点并不是怕冷而是怕浸水。介质含水量太高，或排水性及通透性不良，常会造成烂根或烂心。虽然凤梨对环境的适应性很强，但要栽好并非易事。

适宜栽培的场所，除一些特殊种外，必须选择冬季无霜的地点。如果有条件的话，最好能在具有调温功能的现代化温室内种植，这样一年四季可保证凤梨生长良好。

光线是栽培健壮观赏凤梨所必需的条件。大部分观赏凤梨所需求的光线强度为2万勒克斯（Lux），每天至少12个小时。如将光线强度提高至3万至4万勒克斯并配合高湿度和良好的通风条件，则会生长更快更好，株型会呈现出矮胖壮硕，叶片宽短刚硬，花色更加鲜艳美丽。如果在室内栽培，光照条件达不到要求时，可采用人工照明。最好选用日光灯。照明灯最好悬吊在植株上方约30厘米高处，不要太高，以免降低光照强度。

生长地点最高的植物

众所周知，海拔愈高，环境条件就愈严酷，那里风雪很大，气温低，因此，很少有开花植物能生长在高山之上。然而，"很少"毕竟还是"有"。那么能登上高山的少数"英雄"植物变得矮化而贴地，被称为"垫状植物"。

垫状态类型使高山的植物不那么"招风"；伏贴在地面的高山植物，大雪犹如给它盖了一层被子，在严寒的气候下，能受到积雪的保护。世界上长的最高的垫状植物，当然应当到世界上最高的地方——西藏上去寻找。

在一般人的印象中，西藏地势高耸，特别是高山和藏北地区，气候酷寒、多暴风雪，可能是不毛之地。早期一些植物学家对藏北羌塘高原也曾有这样的猜测。从 19 世纪开始，一些外国的植物学家、探险家在西藏进行过考察后发表的报告使人们对西藏、尤其是藏南、藏东南的植物有了初步了解，但对藏北地区的了解还是很少。建国后，经过一系列的科学考察，尤其是上世纪70 年代中国科学院青藏高原综合科学考察队针对西藏的综合科学考察，出版了一套五卷的《西藏植物志》，人们对西藏的植物才有了比较全面的了解。随后的考察还不断有新的发现，仅昆明植物研究所（1992 年）组织的对墨脱地区的越冬考察，就发现了 2 个西藏新记载的科，40 种新记载的属及 140 个在国内也属新记载的种。现在在西藏发现的维管束植物的科、属、种数分别占全国的32.9%、38%、18%，其种类之丰富，除华南、西南个别省区外，其余全国大部分省区均无法匹敌。

西藏植物区系是在第三纪喜马拉雅山和青藏高原隆升过程中逐渐发展衍生的年轻区系。在地域辽阔的高原上以禾本科、莎草科植物为主组成了高山草甸、高山草原以及高山荒漠草原。在西藏海拔 4200 米以上的草原、草甸地带，尤其是平缓的山坡上和河谷中均能发现一些铺地而生、高不过 10 厘米、外形浑圆、直径几厘米至数十厘米，甚至超过 1 米，像一圆形坐垫的植物，

垫状植物

这就是垫状植物。它们并不是由许多植物密集生长在一起形成的，而是由分枝交织的一株植物构成。这类植物在北极高寒地区也有分布，但在西藏最为丰富，有 11 科 15 属 100 余种。

红景天属植物就是其中的一种。这类植物多生长在高海拔的山地，就像高原上的石堆、高山岩屑坡、冰川堆积物、沙石质湖岸、石质河滩和阶地、高寒草甸等处。这类垫状植物，虽然有很多不同的种属，但是它们有一些基本相同的形态特征：植株较低矮，仅高 2～3 厘米，少数能长到十几厘米，一般紧贴地面，冬天不会枯死；分枝多而密集，节间较短，老的茎枝为多年生，叶柄基部扩展，紧裹茎枝；叶簇生于枝顶，在垫状体表面形成一覆盖层；植物体通常表面长满绒毛。这些特征是对高原多大风、寒冷等恶劣环境的适应。密集的垫状体和表面绒毛可以形成一个独立的保暖系统，即使外界温度已在零度以下，垫状体内温度仍可保持在 2℃～3℃ 的范围，这足以保护幼芽的萌发和正常生长。

其实红景天属植物并非很典型的垫状植物。蚤缀属、柔籽草属植物，以及点地梅属、棘豆属和黄芪属的部分植物才是最典型的垫状植物。

垫状植物既是高原严寒自然条件和强风等对植物生长抑制的结果，同时又是植物与生存环境长期适应的结果。它们的主要伴生种有嵩草、兔耳草、大黄、红景天、凤毛菊、囊种草等。

花粉最大的植物

植物的花粉都很微小，一般只有借助显微镜才能看清楚它们的"庐山真面目"。世界上花粉最大的植物是西葫芦。西葫芦的花粉直径有 200 微米，如果你的眼力很好的话，又有适当的背景衬托，甚至可以只靠肉眼就能见到单个西葫芦花粉。可是，你要看清它的"庐山真面目"，也非得借助显微镜不可。

西葫芦，葫芦科南瓜属中叶片具较少白斑，果柄五棱形的栽培种，一年生草本植物。学名 Cucurbita pepo L.，别名美洲南瓜。果实含有多种营养物质。西葫芦原产北美洲南部，现 19 世纪中叶中国开始栽培，殃世界各地均有分布，欧、美洲最为普遍。

植物学特征：茎矮生或蔓生，五棱，多刺。叶硬直立，粗糙，多刺，宽三角形，掌状深裂。雌雄异花同株，花单生，黄色。雄花筒喇叭状，裂片大，萼片下少紧缩；雌花萼筒短，萼片渐尖形。花梗五棱，果蒂处稍扩张。果实多长圆筒形，果面平滑，皮绿、浅绿或白色，具绿色条纹。成熟果黄色，蜡粉少。种子扁平灰白或黄褐色，周缘与种皮同色，珠柄痕平或圆，种子千粒重 140 克左右。

西葫芦按植株性状分三个类型。

矮生类型：早熟。蔓长 0.3～0.5 米，节间很短。第一雌花着生于第 3～8 节，以后每节或隔 1～2 节出现雌花。主要品种有：①花叶西葫芦：由阿尔及利亚引进。耐寒，叶面近脉处有白斑。主蔓 5～6 节出现雌花，以后每节有雌花。嫩果长筒形，皮色深绿，重 0.5～1.0 公斤。②站秧西葫芦：东北地区栽培较多，株高 30～35 厘米，能直立。嫩果长圆筒形，皮白绿色，重 1～2 公斤。③一窝猴葫芦：中国北方栽培。主蔓第 8 节出现雌花，以后连续 7～8 节

西葫芦的花

均有雌花。嫩果皮墨绿色，果面有5条不太明显的纵棱。每株可结瓜3~4年，单果重1~2公斤。

半蔓生类型：中熟。蔓长0.5~1.0米，主蔓8~10节着生第一雌花，很少栽培。

蔓生类型：较晚熟。蔓长1~4米，节间较长，主蔓在第10节以后开始出现雌花。耐寒力弱，抗热性强。主要品种有：长西葫芦（又名苯西葫芦），北京地方品种，蔓长2.5~3.0米，果实圆筒形，皮墨绿、乳白及花色，长34~38厘米，横径16~19厘米，单果重2公斤左右；扯秧西葫芦，甘肃地方品种，蔓长4厘米左右，果实圆筒形，果面有棱，皮白色，间有深绿色花纹。生长势旺，晚熟，产量高。

西葫芦中还有珠瓜和搅瓜两个变种。

西葫芦生长发育近似于南瓜，其不同特点是：①生长发育的速度较南瓜稍快，果实的生长期较短，为30~40天。②以嫩瓜为产品，种子未变硬前采收，每株座果数和采果数均较多。③需水量大。

西葫芦的栽培技术：多一年一茬，一般行育苗移栽，南方无霜或轻霜地区，多在1月至3月播种，长江中、下游地区冷床育苗的播种期为3月上旬，露地直播多在3月下旬。北方春季须在断霜后定植，直播的须掌握在断霜后出苗。定植密度每亩1500株左右。短蔓类型不需整枝和压蔓。需经常灌水，保证嫩瓜迅速生长。开花后10~15天及时采收。

飘得最高最远的花粉

植物开花后，要结出果实，必须把雄蕊的花粉传给雌蕊，使雌蕊受精。美丽的鲜花可以用花蜜引诱昆虫，替它们当传送花粉的"媒人"，可是玉米、杨树、松树的花，又瘦又小，有谁来给它们当"媒人"呢？它们不能吸引昆虫，只得由风来做"媒人"了。

由风来传播的花粉，又小又多。一朵花或一个花序上的花粉粒，少则数千，多则成万甚至数十万。所以一阵风来满天飞扬，似下雾一般。它们身小体轻，能够随风飘扬，飞得又高又远，近的几里，远的几十里、几百里。花粉飞得最高、最远的记录，是松树的花粉创造的。它的花粉生有气囊，能够帮助飞行，使它可以升高几千米，越过山岭，跨过海洋，飘出几千里之外！

松花粉是生长在海拔 1500 米山区的我国乡土树种——马尾松和油松的花粉。因此冠以中国两字，它是松树花蕊的精细胞，这是生命之源，担负着松树繁衍的重任。

松花粉又名松黄，是祖国医学古籍中收载的仅有的两种花粉之一，是祖国医药学宝库中惟一的食、药兼用花粉品种。

松花粉药食兼用的历史已逾数千年，并已收入现代中国药典。2000 多年以前，中国历史上第一部药典《神农本草经》中就有关于"松黄"的记载。由此回溯，松花粉在我国古代民间作为时令食品食用的历史更为久远，迄今一些传统食物中仍使用和添加松花粉。古医籍称松花粉"甘、温、无毒"，有"润心肺、益气、祛风止血、壮颜益志"等功能。1000 年前，世界上第一部由国家颁布的药典——《新修本草》中即将其收入，并有详细的记载。所以可以自豪

松花粉

松花粉

地说正是中华民族在世界上首先开发、应用了松花粉。

作为古老的药源和营养源，松花粉也是 1995 年版中华人民共和国药典收录的传统药物。近年国家卫生部已确认松花粉为新资源食品，并列为普通食品管理。

众所周知，植物花粉含有丰富的蛋白质、脂类、氨基酸、糖类、多种微量元素、维生素，酶，色素等。据文献报导对贫血、神经衰弱、阳痿、白细胞减少、肥胖病、便秘、前列腺疾患等有疗效。花粉又是国际公认的美容剂。对花粉营养、药用价值认识的提高使花粉的研究受到重视。然而由于蜂源花粉受到环境植被的影响，纯度低、成分不稳定，易受农药及蜜蜂机体残留物污染；存在难以解决的机体对某些杂花粉所含毒蛋白的过敏反应等问题。

1996 年 2 月，"德国国家环境与健康研究中心"由 Bengsch 教授领导的从事花粉研究的实验室介绍，目前在欧洲花粉的研究主要集中在花粉过敏与花粉中毒蛋白的关系上，花粉来源全部是蜂源花粉，近年也开展了花粉的抗病毒作用研究。据调查，目前市场上以天然花粉为原料的产品均来自蜂源花粉，国际、国内无一例外。松花粉作为人工采集的药用纯净花粉，在传统医药学中具有悠久的应用历史，在世界上是绝无仅有的。因此这一最早被中国人发现，为人类食用的非蜂源纯净花粉，重新引起了人们的注意。

松花粉是松树花蕊的精细胞，担负着松树繁衍的重任。松花粉中集聚了大量生命元素、丰富的营养成分和生物活性物质，因此对人体有很高的保健价值。与蜂源花粉相比，松花粉因系人工采集，故具有花源单一、品质纯净、成分稳定，无农药残留物，不含动物激素等特点。松花粉较其他植物花粉口感均好，服用时感到有淡淡香味。古人称"松柏之气可以使人长寿！"由于解决了松花粉的采集、贮存、保鲜技术，所以在中国，松花粉日益成为大众化的保健食品。

最不怕冷的花

　　世界上最不怕冷的花是出产在中国的雪莲，即使零下 50 摄氏度，也鲜花盛开雪莲是菊科凤毛菊属雪莲亚属的草本植物。它生长在海拔 4800 ~ 5800 米的雪山雪线附近的碎石间，耐低温抗风寒，花像莲蓬座子，顶形似莲花，故得名雪莲花。该亚属的植物有 20 余种，绝大部分产于我国青藏高原及其毗邻地区。雪莲花不易采摘，数量有限。

　　西藏境内有下列 7 种：（1）喜马拉雅雪莲，产亚东、聂拉木；（2）三指雪莲，产八宿、波密、加查、错那和亚东；（3）绵头雪莲，产乃东和错那；（4）小果雪莲，产申札、南木林、仲巴、普兰、札达；（5）错那雪莲，特产错那；（6）丛生雪莲，产吉隆；（7）水母雪莲，广布全区。以上 7 种，全草均可入药，有除寒化痰、壮阳补血和温暖子宫之功能；主治妇女病、风湿性关节炎及肾虚、腰痛等症，水母雪莲还有强心作用。

　　雪莲为什么能顽强地生存于冰山雪地？因为雪莲有适应高山环境的生物学特性，它叶极密状如白色长绵毛，宛若绵球，绵毛交织，形成了无数的"小室"室中的气体难以与外界交换，白天在阳光的直接照射下，它比周围的土壤和空气所吸收的热量要大；而绵毛层又可使机体免遭强烈辐射的伤害。另外，密集于茎顶端的头状花序，常被两面密被长绵毛的叶片所包封，犹如穿上了白绒衣，以保证在寒冷的高山环境下传种接代。

雪莲花

雪莲这种适应高山环境的特性是它长期在高山寒冷和干旱的条件下形成的。由于雪莲的细胞内积累了大量的可溶性糖、蛋白质和脂类等物质，能使细胞原生质液的结冰点降低，当温度下降到原生质液冰点以下时，原生质内的水分就渗透到细胞间隙和质壁分离的空间内结冰。而原生质体逐渐缩小，不会受到损害。当天气转暖时，冰块融化，水分再被原生质体扫吸收，细胞又恢复到常态。雪莲就是靠这种抗寒特性，生存于高寒山中。

雪莲种子在零摄氏度发芽，3～5 摄氏度生长，幼苗能经受零下 20 摄氏度的严寒。在生长期不到两个月的环境里，高度却能超过其他植物的 5～7 倍，它虽然要 3～5 年才能开花，但实际生长天数只有 8 个月。这在生物学上也是相当独特的。

雪莲形态娇艳，这也许是风云多变的复杂气候的结晶吧。它根黑，叶绿，苞白，花红，恰似神话中红盔素铠，绿甲皂靴，手持利剑的白娘子，屹立于冰峰悬崖。狂风暴雪之处，构成一幅雪涌金山寺的绝妙画图。

雪莲性味：苦、微苦、温。功能主治：清热解毒、祛风湿、消肿、止痛、壮阳、补血养颜和温暖子宫之功能。用于头部创伤、妇科病、类风湿关节炎、中风、肾虚、腰痛、高山反应、外敷消肿等症。

用法：（1）酒剂：雪莲花 50 克，白酒 500 毫升，浸泡 10 天，每天 30～50 毫升。（2）刀伤出血：本品碾为细粉、外敷。（3）取雪莲花少许炖鸡、炖肉，均可食用。

雪莲花的药效和毒性：藏族老百姓将雪莲花分为雄、雌两种，据说雌的可以生吃，具有甜味，雄的带苦味。

雪莲花除产西藏外，在我国的新疆、青海、四川、云南也有分布。各地民间将雪莲花全草入药，主治雪盲、牙痛、风湿性关节炎、阳痿、月经不调、红崩、白带等症。印度民间还雪莲花来治疗许多慢性病患者。如胃溃疡、痔疮、支气管炎、心脏病、鼻出血和蛇咬伤等症。在藏医藏药上雪莲花作为药物已有悠久的历史。藏医学文献《月王药珍》和《四部医典》上都有记载。

雪莲花具有生理活性有效成分。其中伞形花内酯具有明显的抗菌、降压镇静、解痉作用；东莨菪素具有祛风、抗炎、止痛、祛痰和抗肿瘤作用，临

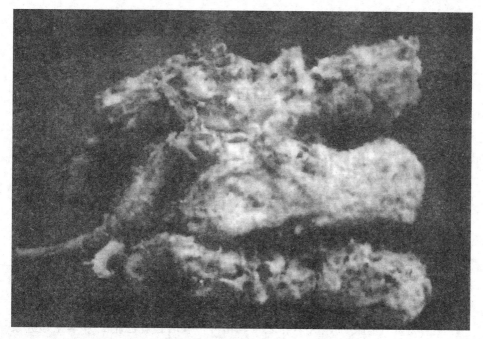

雪莲花

床上汉疗喘急性慢性支气管炎有效率为 96.6% 芹菜素具有平滑肌解痉和抗胃溃疡作用；对羚基苯酮有明显的利胆作用。

饶有兴趣的是雪莲花中所含的秋水仙碱，该成分是细胞有丝分裂的一个典型代表，能抑制癌细胞的增长，临床用以治疗癌症，特别以乳腺癌有一定疗效，对皮肤癌、白血病和何金氏病等亦有一定作用。对痛风急性发作特异功效，12~24 小时内减轻炎症并迅速止痛，长期使用可减少发作次数。此外还具有雌激素样作用活性，能延长大鼠动情期和动情后期，而缩短间情期和动情前期。但秋水仙碱的毒性较大，能引起恶心、食欲减退、腹胀，严重者会出现肠麻痹和便秘、四肢酸痛等副作用。由于雪莲花中含有疗效好而毒性较大的秋水仙碱，所以民间在用雪莲花泡酒主治风湿性关节炎和妇科病时，切不可多服。

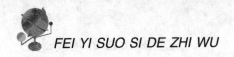

颜色和品种最多的花

　　颜色和品种最多的花——是月季花。全世界有上万种，颜色有红、橙、白、紫，还有混色、串色、丝色、复色、镶边，以及罕见的蓝色、咖啡色等。

　　月季花属蔷薇科，是一种低矮直立的落叶灌木，奇数羽状复叶，小叶 3 ~ 5 片。夏季开花，有红色，也有淡红色，偶尔还开出几朵白色。产于中国，久经栽培，供观赏。花、根和叶还有药用功能，活血祛瘀，拔毒消肿，主治月经不调。

　　月季花是中国传统十大名花之一。相传神农时代就已把野月季花移进家中栽培了。汉代宫廷花园中大量栽种，唐代更为普通。早在 1000 多年前，月季就成了中国名花。它有"天下风流"的美称，其色、态、香俱佳，花期长

月季花

月季花

达半年有余，能从 5 月一直开到 11 月，故有"月月红"、"月月开"、"长春花"、"四季蔷薇"等名称。月季以奇容异色、冷艳争春著称于世。18 世纪末，中国月季经印度传入欧洲，在国外享有"花中皇后"的美誉。

月季品种众多，目前已达两万种，名列世界花卉前茅。分为中国月季类、杂种香水月季类、大花多花型月季类、多花型月季类、十姐妹月季类、藤本月季类、微型月季类等。月季原产中国云南、四川、湖北、江苏、浙江、山东、河南、河北等省，天津子牙河和南运河一带是驰名世界的月季之乡。

月季花的栽培管理要注意以下方面的问题：

1. 土壤。盆栽月季花宜用腐殖质丰富而呈微酸性肥沃的砂质土壤，不宜用碱性土。在每年的春天新芽萌动前要更换一次盆土，以利其旺盛生长，换土有助于月季当年开花。月季花可以用各种材质的花盆栽种，瓦盆自然也是可以的。

2. 光照。月季花喜光，在生长季节要有充足的阳光，每天至少要有 6 小时以上的光照，否则，只长叶子不开花，即便是结了花蕾，开花后花色不艳也不香。

3. 浇水。给月季花浇水是有讲究的，要做到见干见湿，不干不浇，浇则浇透。月季花怕水淹，盆内不可有积水，水大易烂根。盛夏季节要每天浇一次水，见盆土表面发白时即可浇水。冬天休眠期一定要少浇水，保持半湿即可。

4. 越冬。冬天如果家里有保暖条件，室温最好保持在18℃以上，且每天要有6小时以上的光照。如果没有保暖措施，那就任其自然休眠。到了立冬时节，待叶片脱落以后，每个枝条只保留5厘米的枝条，5厘米以上的枝条全部剪去，然后把花盆放在0℃左右的阴凉处保存，盆土要偏干一些，但不能干得过度，防止干死。

5. 施肥。月季花喜肥。盆栽月季花要勤施肥，在生长季节，要十天浇一次淡肥水。不论使用哪一种肥料，切记不要过量，防止出现肥害，伤害花苗。但是，冬天休眠期不可施肥。

6. 修剪。花后要剪掉干枯的花蕾。当月季花初现花蕾时，拣一个形状好的花蕾留下，其余的一律剪去。目的是每一个枝条只留一个花蕾，将来花开得饱满艳丽，花朵大而且香味浓郁。

7. 通风。不论是庭院栽培还是阳台栽培，一定要注意通风。通风良好，月季花才能生长健壮，还能减少病虫害发生。

8. 温度。月季花性喜凉爽温暖的气候环境，怕高温。最适宜的温度是18℃～25℃。

最早出现的绿色植物

地球上现在生存的许许多多绿色植物，它们的老祖宗是谁呢？地质史的研究告诉我们，是蓝藻。它是地球上最早出现的绿色植物。已知最早的蓝藻类化石，发现在南非的古沉积岩中。这是 34 亿年前，在地球上已有生命的证据。古代蓝藻的样子和现代的蓝球藻有些相似。

蓝藻的出现，在植物进化史上是一个巨大的飞跃。因为蓝藻含有叶绿素，能制造养分和独立进行繁殖。今日地球上的郁郁葱葱的树木，茂盛的庄稼，美丽多姿的花卉，它们都是由低等的藻类，经过几亿几十亿年的进化，发展而来的。

蓝藻又叫蓝绿藻。大多数蓝藻的细胞壁外面有胶质衣，因此又叫粘藻。

蓝藻细胞壁内的原生质体不分化成细胞质和细胞核两部分，而分化成周质和中央质两部分。周质又叫色素质，位于细胞壁内面，中央质的四周，光合作用的色素存在于其中，越近表面色素越多，颜色越深，这是光合作用色

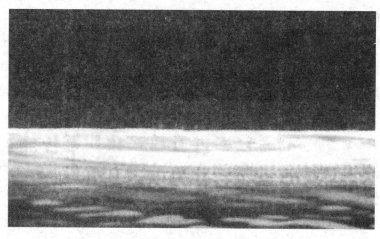

蓝藻

素对光的适应。周质中有液泡和假液泡（内气体），还有蓝藻淀粉和蓝藻颗粒体等贮存养分。中央质又叫中央体，在细胞的中央相当于细胞核的位置。不具核膜和核仁，但有染色质，故又叫做原始核或原核。

蓝藻没有色素体，光合作用色素分散在周质中；叶绿素类中主要为叶绿素a，极个别的蓝藻有少量的叶绿素b；叶黄素类为蓝藻所特有的蓝藻黄素和蓝藻叶黄素；胡萝卜素为胡萝卜素和黄胡萝卜素，藻胆素是藻蓝素类相藻红素类总称，蓝藻有蓝藻藻蓝素和蓝藻藻红素。

细胞壁分内外两层，内层是纤维素的，少数人认为是果胶质和半纤维素的。外层是胶质衣鞘以果胶质为主，或有少量纤维素。内壁可继续向外分泌胶质增加到胶鞘申。有些种类的胶鞘很坚密拌可有层理，有些种类胶鞘很易水化，相邻细胞的胶鞘可互相溶和。胶鞘中可有棕、红、灰等非光合作用色素。

蓝藻的藻体有单细胞体的、群体的和丝状体的。最简单的是单细胞体。有些单细胞体由于细胞分裂后子细胞包埋在胶化的母细胞壁内而成为群体，如若反复分裂，群体中的细胞可以很多，此等大的群体可以破裂成数个较小的群体。有些单细胞体由于附着生活，有了基部和顶部的极性分化，丝状体是由于细胞分裂按同一个分裂面反复分裂、子细胞相接而形成的。有些丝状体上的细胞都一样，有些丝状体上有异形胞的化；有的丝状体有伪枝或真分枝，有的丝状体的顶部细胞逐渐尖窄成为毛体，这也叫有极性的分化。丝状体也可以连成群体，包在公共的胶质衣鞘中，这是多细胞个体组成的群体。

蓝藻门分为两纲：色球藻纲和藻殖段纲。色球藻纲藻体为单细胞体或群体，藻殖段纲藻体为丝状体，有藻殖段。蓝藻门代表植物：发菜，地皮菜，海雹菜，满江红。

需要注意的是，有些蓝藻是鱼的饵料。但蓝藻大量繁殖时形成水花，将水中氧气耗尽；鱼和生动物因此窒息而死。水花死后分解放出的物质极毒，是水生动物致死的另一原因。海洋中的赤潮，有些是蓝藻引起的，有些是甲引起的，能使海洋动物大量死亡，危害甚大。

最短命的种子植物

在大自然里，生长着千姿百态的植物，有苍劲挺拔的大树，也有细如绒毛的小草，有绚丽多彩的花卉，也有一年四季常青的松柏。虽然它们的外形差异极大，但是它们的一生总是这样度过的：种子散落在土壤里，遇到适宜的环境条件，就发芽、生长、开花、结果，果实里孕育着种子，最后死亡。不过，它们完成这样的生命过程所需要的时间并不一样。有的只需要一年，如水稻、玉米、高粱等，人们称之为一年生植物；有的需要两年才能完成，如小麦、油菜等，人们称之为二年生植物。

一年生植物和二年生植物大都为草本植物，而木本植物就不同了，它们需要十几年、几十年、几百年、甚至几千年才能完成生命周期。在一些古老的寺院里，常可见到长寿的参天大树。在北京潭柘寺的三圣殿有一棵银杏树，据说是辽代栽种的，已逾千年；在南京有一棵"六朝松"，传说是六朝时栽种的，它的年龄已有一千五六百岁了；在山东定林寺有一株古银杏，它的年龄已有3000多岁了。

有趣的是，在植物界里还有一些"短命植物"，它们只能活短短的几个月时间，有的甚至只活几十天或几个星期。如在瓦房顶上的瓦槽中，常常生长着一种开黄色五瓣小花的瓦松，在雨季时才长出来，并很快开花结果，雨季一过就枯死了。又如，可做中药用的夏枯草，春天发芽，而到了夏初就枯死了，因此人们给它起了这个形

瓦松

木贼

象的名字。

短命植物大多生长在寒冷的高原上或干旱的沙漠中，它们为了在严酷、恶劣的环境中生存下去，经过长期的自然选择，"锻炼"出了能够迅速生长和迅速开花结果的本领，这是对其生长环境的巧妙适应。在严寒的帕米尔高原上，生长着一种叫罗合带的植物，由于那里的夏季很短，所以在每年6月份，当刚刚有点温暖时，它就开始发芽生长，一个多月后仅长出两三条枝蔓，就赶忙开花结果，在严寒到来之前，便匆匆完成了短暂的生命过程。

在非洲撒哈拉大沙漠里，生长着一种植物叫木贼，因为那里干旱、少雨，所以在降雨后10分钟它就开始萌动，10个小时后，即可钻出土壤而茂盛地生长起来，整个生命周期只有两三个月。在沙漠里还生长着一种黄草，从发芽、生长到死亡，仅一个月左右的时间，便走完了生命的旅程，真可谓是典型的短命植物。它的生命周期虽然如此短促，但是尚能以月计算，而有一种叫"短命菊"的植物，只能活几个星期。沙漠中的长期干旱，使得短命菊的种子只要有一点雨水，就能萌发、生长，并匆忙开花、结果，在大旱来临之前，它的生命周期也就完成了，难怪人们叫它"短命菊"。短命菊一生匆匆，它要算寿命最短的种子植物了。

更令人吃惊的是，在秘鲁有一种无根的植物叫无根凤梨，它可以利用夜间叶子上所凝结的露水来维持生命。还有，被人们赞誉为征服沙漠先锋的梭梭树，它的种子是世界上寿命最短的种子，仅能活几小时。但是，它的生命力很强，只要得到一点水，在2~3小时内就会生根发芽，并能在严酷的干旱环境下顽强地生长，给荒漠带来生命的活力。梭梭树能够在沙漠里迅速蔓延成片，这与它具有这种适应沙漠干旱环境的本领是分不开的。

二、植物之谜

植物也有思维吗

如果说人具有思维，这是谁都不会感到奇怪的事，如果说动物具有思维，这也是人们能够接受的，但如果说，植物也有思维能力，你一定会非常惊讶！

美国的维维利·威利曾做过这样一个试验：她从公园里摘回两片虎耳草的叶子，祝愿其中一片叶子继续活着，对另一片叶子则根本不予理睬。一个月后，她不闻不问的那片叶子已经萎缩变黄，开始枯干；可她每天注意的那片叶子不但仍然活着，而且就像从公园里刚摘下来的一样。似乎有某种力量使它能够违反自然法则，使叶子保持健康状态。

美国化学师马塞尔·沃格尔按照威利的做法，从树上摘下三片榆树叶，放到床边一个玻璃碟里。每天早饭前，他都要花一分钟的时间，劝勉两边的叶子继续活下去，而对中间那片叶子不予理睬。一周后，中间的一片叶子已变黄枯萎，另两片仍然青绿、健康。使沃格尔感兴趣的是，活着的两片叶子的小茎上的伤痕似乎已经愈合。

这件事给沃格尔以很大的鼓舞，他想，人的精神力量可以使一片叶子超过它的生命时间保持绿色，那么这种力量会不会影响到别的植物呢？他在制作幻灯片时，用心灵寻找人们用肉眼看不到的东西，结果他发现植物可以获知人的意图。他还发现不同的植物，对人意识的反应也不同。就拿海芋属的植物来说吧，有的反应较快，有的反应较慢，有的很清楚，有的则模糊不清。不仅整株植物是这样，就其叶子来说，也各自具有特性和个性，电阻大的叶子特别难于合作，水分大的新鲜叶子最好。植物似乎有它的活动期和停滞期，只能在某些天的某个时候才分别进行反应，其他时间则没有反应。

1971年春天，沃格尔开始了新的实验，看能否获得海芋属植物进入与人沟通联系的准确时刻。他把电流计连在一株海芋植物上，然后他站在植物面前，完全松弛下来，深呼吸，手指伸开几乎触到植物。同时，他开始向植物倾注一种像对待友人一样的亲密感情。他每次做这种实验时，图表上的笔录都发生一系列的向上波动。沃格尔认为，他和海芋植物之间的互相反应，似乎于他和爱人或挚友间的感情反应有同样的规律，即相互反应的热烈情绪引起一阵阵能量的释放，直到最后耗尽，必须得到重新补充。

在另一次试验中，沃格尔将两株植物用电线连在同一部记录仪上。他从第一株上剪下一片叶子，第二株植物对它的同伴的伤痛做出了反应。不过这种反应只有当沃格尔注意它时才会有。如果他剪下这片叶子不去看第二株植物时，它就没有反应。这就好像沃格尔同植物是一对情人，坐在公园的凳子上，根本不留意过路行人。只要有一个人注意到别人时，另一个人的注意力也会分散。

沃格尔说："人可以而且也做到了与植物的生命沟通感情。植物是活生生的物体，有意识，占据空间。用人的标准来衡量，它们是瞎子、聋子、哑巴，但我毫不怀疑它们在衡量人的情绪时，却是极为敏感的工具。它们放射出有益于人类的能动力量，人们可以感觉到这种力量。它们把这种力量送给某个人的特定的能量场，人又反过来把能量送给植物。"

在同植物进行感情交流时，千万不能伤害植物的感情。沃格尔请一位心理学家在 15 英尺外对一株海芋属植物表示强烈的感情。试验时，植物作出了连续不断的强烈反应，然后突然停止了。沃格尔问他心中是否出现了什么想法，他说他拿自己家里的海芋属植物和沃格尔的做比较，认为沃格尔的远比不上他自己的。显然这种想法刺伤了沃格尔的海芋属植物的"感情"。在这一天里，它再也没有反应，事实上两周内都没有反应。这说明，它对那位心理学家是有反感的。

沃格尔发现植物对于谈论不同的话题内容也表现出不同的反应。植物对在摇曳着烛光的暗室里讲鬼怪的故事也有反应。在故事的某些情节中，例如"森林中鬼屋的门缓缓打开"，或者"一个手中拿刀子的怪人突然在角落出现"，或者"查尔斯弯下腰打开棺材盖子"等等，植物似乎特别注意。沃格尔还用事实证明，植物也可以对在座人员虚构想象力的大小作出反应。

沃格尔的研究为植物界打开了一个新的领域。动植物也有思维，它们似乎能够揭示出任何恶意或善意的信息，这种信息比用语言表达的更为真实。这种研究其意义无疑是深远的，但怎样进一步开发它，让它为人类服务，还是一个值得研究的问题。

植物是否有血液

人和动物都有血液，那么植物有血液吗？

我国南方山林的灌木丛中，生长着一种常绿的藤状植物。每到夏季，便开出玫瑰色的美丽花朵。当你用刀子把藤割断时，就会发现，流出的液汁先是红棕色，然后慢慢变成鲜红色，与鸡血一样，这种植物叫"鸡血藤"。

南也门的索科特拉岛，是世界上最奇异的地方。据统计，岛上约有200种植物是世界上任何地方都没有的。其中有一种"龙血树"，它分泌出一种像血液一样的红色树脂，这种树脂被广泛地用于医学和美容。这种树主要生长在这个岛的山区。

英国威尔有一座公元6世纪建成的古建筑物，它的前院耸立着一株杉树，至今已有700年的历史。这株树高7米多，它有一种奇怪的现象，长年累月流着一种像血液一样的液体，这种液体是从这株树的一条2米多长的天然裂缝中流出来的，这种奇异的现象，每年都吸引着成千上万的游客。这颗杉树为什么会流"血"，引起了科学家的注意。他们对这棵树进行了深入研究，也没找到流"血"的原因。要想揭开其中的奥秘我们只有等待着科学家们继续去努力探索。

关于植物是否有血液的问题也待进一步研究。

植物也进行呼吸吗

植物虽然没有呼吸器官，但是，实际上植物在它的一生当中，无论是根、茎、叶、花，还是种子和果实，时时刻刻都在进行着呼吸。只是植物呼吸，人的肉眼看不出来。不过要想了解植物的呼吸也并不难。我们把植物放在一个一点儿也不漏气的容器里，过一段时间以后，测试一下就会发现容器里的氧气减少了，二氧化碳增多了。原因就是植物在进行呼吸，把氧气吸收了，放出了二氧化碳。这种情况在我们的日常生活中也可以见到。如在我国北方，人们冬天要挖窖来储藏白菜、萝卜等蔬菜。如果把菜放入地窖里，盖严窖门，过些日子，打开菜窖后你把点着的一支蜡烛，用绳子系着吊下窖里，你便会发现蜡烛马上熄灭了。这是为什么呢？原因是蔬菜在呼吸时，把窖内的氧气给吸收了，而放出的二氧化碳则留在窖内。这两个例子都说明了植物是要进行呼吸活动的。

种在田地里的庄稼，它们所进行的呼吸活动在一般情况下是看不出来的。如果科学家用二氧化碳气体分析仪器，就可以测出庄稼呼吸时进行气体交换的情况。

那么，植物为什么要进行呼吸呢？

其实，生物吸进氧气，呼出二氧化碳，只不过是呼吸活动的表面现象。而呼吸的本质是生物身体里的有机物质氧化分解的过程。对植物来说，通过呼吸才能把光合作用所制造出的有机物质加以利用。植物身体里有许多有机物质，比如糖类、脂肪和蛋白质都要通过呼吸作用来进行氧化分解。

平常在氧气充足的情况下，植物体内的有机物质被彻底地氧化分解，最后生成二氧化碳和水等，这叫"有氧呼吸"。有氧呼吸能够释放出很多能量，这些能量可以供给植物本身生命活动的需要。比如细胞里的分裂、组织分化、种子萌发、植株成长、花朵开放等过程，以及植物的根从土壤里吸收水分和肥料，营养物质在身体里的运输等活动都需要能量。

植物在呼吸过程中，有机物质的氧化分解，是一步一步进行的，整个过程中间会生成许多种与化学成分不同的物质。这些物质是植物用来合成蛋白质、脂肪和核酸的重要材料。所以，呼吸活动跟植物身体里各种物质的合成和互相转化有密切关系。

植物如果处在缺氧的环境里，它不会像动物那样马上停止呼吸，很快死亡。植物在缺氧的时候，虽然没有从外界吸收氧气，可是它照旧能够排出二氧化碳，这叫"无氧呼吸"。但这种无氧呼吸对植物是很不利的，因为有机物质氧化分解不彻底，会造成植物体内的细胞中毒，最后导致植株死亡。

植物的呼吸作用跟农产品的贮藏也有着密切的关系。粮食、水果和蔬菜等收下来以后，呼吸活动还在进行。在贮藏过程中，一方面要让呼吸继续进行，这样，粮食、水果和蔬菜等才不会变质；另一方面又要使呼吸尽量减弱一些，以减少消耗。粮食种子进入仓库以前要测量一下含水量。各种粮食种子的含水量符合国家标准时，种子正好进行微弱的呼吸，这样既能保持生命力，营养物质的消耗又比较小。贮藏粮食的时候，一般不需要保持它的生命力，主要要考虑减少它的消耗。因此，可以用将容器抽真空然后充氮气的办法来抑制粮食的呼吸活动，达到长期保存的目的。

植物也有血型吗

人体内的血液有各种各样的类型（人们称它叫"血型"），这是大家都知道的。

然而，植物却也有血型。

1983 年初，在日本东北部的一个城市，发生了一起凶杀案件。日本科学警察研究所法医、第二研究室主任山本茂亲自负责这一案件的侦破工作。为了对照鉴定血型，他同时化验了受害者枕套上的血迹及其旁边没有沾到血迹的部分。令他吃惊的是，没有沾到血迹的枕套也有血型，为 AB 型，这是怎么回事呢？山本茂打开枕套，发现里边是日本人常用的荞麦皮枕芯。难道荞麦皮这样的种子外壳也有血型吗？山本茂再次对它做了血型化验，证实它确实为 AB 型。

这一意外而又惊人的发现，引起了山本茂的浓厚兴趣，他又对 150 多种蔬菜、水果和 500 多种植物种子分别进行血型鉴定。结果发现有 19 种植物和 60 种植物种子显现了血型反应。

经过科学家们的研究，现在已经知道：萝卜、芜菁、葡萄、山茶等为 O 型；梧桐、玉米、葫芦等为 A 型；扶芳藤、罗汉松、大黄杨等为 B 型；李子、荞麦、侵木、金银花等为 AB 型。有趣的是，枫树却有 O 型与 AB 型两种血型：到了秋天，属 O 型的，树叶变红；属 AB 型的，则泛黄。这也许是血型与枫叶颜色有某种联系的缘故。

植物体内没有血液，科学家们是怎样进行血型鉴定的呢？

人体血型鉴定，即是用抗体鉴定人体内是否存有某种特殊的糖。科学家鉴定植物血型的方法是利用从人体或动物血液中分离出来的抗体，然后观察抗体与植物体内汁液的反应情况，由此即可得知植物的血型。

植物血型的发现，也许有助于生物学家对细胞融合、品种杂交、种苗嫁接等的研究。

植物情报传递之谜

许多动物能够以不同的方式向自己的同伴传递一些信息，以表达自己的意愿等，而"植物王国"里也有信息传送吗？如果有，它们又是靠什么来传递信息的呢？

美国华盛顿大学的两位研究人员，用柳树、赤杨和在短短几个星期内就能把整株树叶吃光的结网毛虫进行实验。他们把结网毛虫放在一棵树上，几天内发现树叶的化学成分有了某种程度的变化，特别是单宁含量有了明显的增加。昆虫吃了这种树叶不易消化，于是，失去了胃口，便另去别处寻找可口的佳肴，从而保护了树木自身。让人大吃一惊的是：当做实验的树木遭到虫害后，在65米距离以内，其他树木的叶子在2～3天内也发现有相类似的变化，单宁含量增加，味道变苦，以此来防御昆虫对它们的侵害。实验结果充分说明了植物之间是有信息联系的。

1986年克鲁格国家公园里出现了一件怪事。每年冬季，这里的捻角羚羊有不少都莫名其妙地死去，但与它共同生活在一个地方的长颈鹿却安然无恙。

原来，长颈鹿可以在公园范围内随意走来走去，长颈鹿可以到处挑选园内不同树木的叶子。而捻角羚羊则被圈养在围栏内，不得不限于吃生长在围栏内的树叶子。科学家还发现，长颈鹿仔细挑选它准备吃叶子的那棵树，通常从10棵枞树中选1棵。此外，它们还避开它们已经吃过的枞树后迎风方向的枞树。专家研究了死羚羊胃里的东西，发现死因是它们吃进去的树叶里单宁含量非常高，这种毒物损害动物的肚脏。在研究长颈鹿胃里的东西之后，他们发现，长颈鹿吃入的食物品种较多，所吃入的枞树叶的单宁浓度只有6%左右，而捻角羚羊胃里的单宁浓度高达15%。

为什么在同样一些枞树的叶子内，而在不同动物胃里，单宁浓度不同呢？

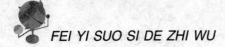

经研究，专家认为：枞树用分泌更多单宁的方法来保护自己以免遭到动物吞食。在研究中他们还发现：当枞树不止一次受到食草动物的侵袭时，枞树能向自己的同伴发出危险"警报"，让它们增加叶里的单宁含量。收到这一信息的树木在几分钟内就采取防御措施，使枞树叶子里的单宁含量迅速猛增。

植物之间有传递"情报"行为，已被人们所公认，但它是如何传递的呢，它的"同伴"又是怎样接收到它的"情报"的呢？还需要专家们进一步研究才能得知。

植物神经之谜

自然界有些植物很敏感，在遇到外界触碰刺激时，会像动物一样做出十分快速的反应。比如含羞草在受到触摸后，能在 1 秒钟或几秒钟时间之内将叶片收拢。澳大利亚的花柱草，雄蕊像一根手指伸在花的外边，当昆虫碰到它时，它能在 0.01 秒的时间内突然转动 180°以上，使光顾的昆虫全身都沾满了花粉，成为它的义务传粉员。捕蝇草的叶子平时是张着的，看上去与其他植物的叶子并无二致，可一旦昆虫飞临，它会在不到 1 秒钟的时间之内像两只手掌一样合拢，捉住昆虫美餐一顿。众所周知，动物的种种动作都是由神经支配的，那么植物呢？难道植物也有神经吗？

早在 19 世纪，进化论的创始人达尔文就在研究食肉植物时发现，捕蝇草的捉虫动作并不是遇到昆虫就会发生，实际上，在它的叶片上，只有 6 根毛有传递信息的功能，也就是说，昆虫只有触及到这 6 根"触发毛"中的一根或几根时，叶片才会突然关闭。信号以这样快的速度从叶毛传到捕蝇草叶子内部的运动细胞，达尔文因此推测植物也许具备与动物相似的神经系统，因为只有动物神经中的脉冲才能达到这样的速度。

20 世纪 60 年代后，这个问题再一次成为科学家们研究的重点课题。

坚持植物有神经的是伦敦大学著名生理学教授桑德逊和加拿大卡林登大学学者雅克布森。他们在对捕蝇草的观察研究中，分别测到了这种植物叶片上的电脉冲和不规则电信号，因此便推断植物是有神经的。沙特阿拉伯生物学教授塞匀通过研究也认为植物有"化学神经系统"，因为在它们受伤害时会做出防御反应。

但是也有许多学者不同意这一观点，德国植物学家冯·萨克斯就是其中之一。他认为，植物体内电信号的传递速度太缓慢，一般为每秒 20 毫米，与

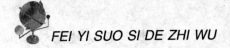

高等动物的神经电信号传递速度每秒数千毫米根本无法相比，而且从解剖学角度看，植物体内根本不存在任何神经组织。

美国华盛顿大学的专门研究小组在研究捕蝇草时发现，反复刺激片上的"触发毛"捕蝇草不仅能发出电信号，同时也能从表面的消化腺中分泌少量的消化液。但仅仅据此，仍然无法确定植物体内一定具有神经组织。

所有植物都有应用电信号的能力，这已经被科学家们反复验证。但是，因为植物的电信号都是通过表皮或其他普通细胞以极其原始的方式传导的它并无专门的传导组织，因此，相当多的学者认为，植物的电信号与动物的电信号虽然十分相似，但仍不能认为植物已经具备了神秘系统。植物到底有没有神经，还有待人们进一步去研究探讨。

植物记忆力之谜

法国克兰蒙大学有一位科学家叫玛丽·狄西比，几年前用金盏花做了一系列实验，居然证明植物也有记忆力！

金盏花是一种一年生花卉，高约30～60厘米，整个植物都长有细毛，叶子是椭圆形的，大小相等，开黄色花朵，与菊花相似。这位科学家是这样进行实验的：她先找来两盆金盏花，在它们刚刚发芽的阶段用针在一盆金盏花左侧的叶子上刺出4个小孔。5分钟后，她把这盆金盏花的顶芽和叶子剪掉。过了一段时间，这棵金盏花长出了新的顶芽，但新长出来的叶子出现了明显的差别，左侧的一片叶子很小，右侧的一片叶子却很大；而没有经过针刺的那盆花，长出的叶子仍然是对称的。她认为金盏花是有记忆力的，它记住了那次针刺。后来，玛丽·狄西比又进行了一次实验。这次她选用一棵金盏花，先后进行了两次针刺。第一次是在同一侧的叶子上刺了4个小孔，然后剪去顶芽；在经过不同长短的时间间隔以后，她又分别在左右两侧的叶子上都刺出一个小孔，再剪去顶芽。由于第一次针刺与第二次针刺之间的时间间隔长短不一样，结果就出了差别。如果两次针刺的时间间隔很短，那么，这棵金盏花就只能"记住"后面的针刺，就是说，它长出的叶子还是对称的；但如果这两次针刺的时间间隔很长，那么，它就会"记住"第一次的针刺，而把第二次针刺"忘记"，就是说，它长出了左右不对称的叶子。于是这位科学家认为植物的记忆力分为两种：长期记忆和短期记忆，在某些条件下，植物的长期记忆要比短期记忆牢固。

玛丽·狄西比进行了如此新奇的实验，也得出了结论，但科学并没有停止在她的实验面前，人们认为还应当进行更多的实验，研究植物是怎么保持了这种记忆的？它们有没有神经系统？这就是一些还没有揭开的谜。

植物的 "武器"

花草树木不会主动袭击别人，它们通常只能被动地受侵犯，完全是一副"逆来顺受"的样子。然而，植物为了自身的需要，也会给自己装备某些"武器"。例如，锋利的芒刺、坚韧的树叶、难以钻穿的树皮等等，都是植物保护自己免受敌害的"武器"。此外，有些植物的武器非常有趣。

在非洲中部的森林里，长着一种坚硬有刺的树木，当地人称之为"箭树"，箭树含有剧毒，人兽如被它刺中，便会立即致死。

我国西双版纳的箭毒木，树皮里白色乳汁毒性极大，且有刺鼻气叶。如果误入人眼，马上使人双目失明；人吃了，一刻钟就可使心跳停止。它的原名叫"加独"，我国植物学家译为"见血封喉"，可谓名副其实。

有"箭"还有"炮"。美洲沙箱树的果实成熟时，它的种子能在一声巨响中，炸飞到十几米以外。生长在非洲和前苏联高加索地区的喷瓜，果实像个大黄瓜，它成熟落地时，里面的浆液和种子就会"嘭"的一声，像放炮似的向10米外喷身，人称"铁炮瓜"。喷瓜的黏液有毒，不能让它滴到眼中。

南美洲的热带森林里，有一种叫"马勃菌"的植物，状似地雷，每个重达10多千克。如果不小心踩着或触动了它，它就会发出像地雷爆炸般的"轰隆"巨响，同时还会散发出强烈的刺激性气味，使人喷嚏不断，涕泪纵横，眼睛刺痛。人们管它叫"植物地雷"。

树木年龄之谜

人们都会唱"HappyBirthday"这支生日歌，每年自己或朋友过生日时，大家都唱生日歌以示祝贺。那么，树木也有年龄吗？怎么计算它们的年龄呢？

许多人家的厨房里都有一个圆圆的厚木墩，那是切肉用的。当刚刚买来这种木墩的时候，你对它仔细观察一下，就可以看到上面有一圈又一圈的密密麻麻的木纹，这些木纹有深颜色和浅颜色，宽度也不一致，这就叫做年轮。树木的年轮记录着它们的年龄，每年长出一轮，因此数一数年轮就知道树木的年龄了。一年四季当中，树木生长的速度并不相同。春天阳光明媚，雨水充足，气候温和，树木生长得很快，这时生长出来的细胞体积大，数量也多，因此细胞壁较薄，木材的质地疏松，颜色也浅；而在秋季，天气渐渐凉了，雨量减少了，阳光也失去了夏天的炎热，树木生长速度就减慢了，这时生长出来的细胞体积小、数量少，细胞壁变厚，质地紧密，颜色就比较深。到了第二年，在去年深颜色的秋材之外，又生长出浅颜色的春材，这样年复一年，深浅不同的颜色互相间隔，就形成了一圈又一圈层次分明的花纹。根据树桩的年轮就能知道树木的年龄了。

和植物的年龄比起来，动物的年龄就太短暂了。鲸鱼大约可以活 70 多年，大象可以活 60 多年。但是，许多树木至少都可以活 100 年以上，葡萄树能活 80～100 年；杏树和柿子树能活 100 多年；枣树能活 100～200 年；苹果树能活 200 年；柑橘和板栗树能活 200～300 年；梨树能活 300 年；核桃树能活 300～400 年；杨树能活 200～600 年；榆树和国槐能活 500 多年；红杉树能活将近 4000 年。山相是落羽杉的近亲，墨西哥南部的圣玛利亚德图尔教堂就有棵山相，它高 47 米，周长将近 40 米，年龄大约有 4000 年了。50 年代科学家在美国加利福尼亚州发现了一棵刺果松，据说它的年龄已有 4500 岁。

　　在我国也有许多1000多年的老树。据说在陕西省黄陵县轩辕黄帝的陵园里，有一棵"黄陵古柏"是轩辕黄帝亲手栽种的，到现在已有近5000年的树龄；在山东曲阜孔庙有一棵松树，据说是孔子种植的，距今已有2400多年；南京有一棵六朝松已经活了1400多年；江西庐山的黄龙寺有一棵晋朝的银杏树年龄将近1600年了；北京西山的潭柘寺也有一棵高大繁茂的银杏树，树高约40米，直径将近4米，据说是辽代种植的，至今已有1000多年的历史了。

　　其他地方的树木爷爷也很多。西伯利亚松可以活到1200岁；欧洲的雪松和紫杉可以活到3000岁；前面讲过的坦桑尼亚的波巴布树年龄最大的竟然有5150岁了。1749年，法国科学家亚当森到非洲西部的一个小岛上旅行，发现了300年前英国人刻在一棵大树上的文字，经测量，他判断这棵树已有6000年的树龄了。在大西洋的一些岛屿上，有一种龙血树，活5000岁或6000岁的树木只能算是中年。早在500年前，一位西班牙人在位于非洲西北部大西洋中的加那利群岛上测定过一棵龙血树，估计它的年龄大约是8000岁到1万岁，但是，在1827年受到暴风雨的袭击死去了，这可能是世界上目前所发现的年龄最大的树木了。

　　根据树木的年轮，科学家不仅可以知道树木的年龄，还可以了解到许多重要的信息。年轮的宽窄与树林生长的气候有很大关系。如果树木生长时雨量丰富，阳光充足，气温适宜，年轮就宽；反之雨量稀少，气温偏低或偏高，阳光也不充足，年轮就狭窄。因此，科学家往往要根据年轮的变化来推测自然历史和气候变迁的情况。美国科学家就根据从年轮得到的信息，发现美国西部草原每隔几年就发生一次干旱，因此成功地预报了1976年的严重旱情。美国科罗拉多州西南部有一个梅萨费尔德国家公园，古代印第安人在那里留下了300多座住宅，它们代表了印第安人的村落普韦布洛的最高水平。但是，在13世纪后期他们突然离开了自己的家园，那里成了一片废墟，为什么？根据年轮提供的气象信息分析，原来在13世纪最后的25年里，那里发生了严重的旱灾，人们只好背井离乡。

　　年轮在环境科学和医学方面也能为科学研究提供帮助。德国科学家用光谱法对3个地区的树木年轮进行对比，掌握了将近120年到160年间这些地区铅、锌、锰等金属造成的污染，找出了环境污染的主要原因。我国科学家发现黑龙江省和山东省一些地区的树木中钼的含量变化与克山病的发病率存在一定的关系，年轮中钼的含量低，克山病发病率就高。另外，美国科学家还利用年轮进行地震研究。由于地震往往会造成地面倾斜，而树木又有笔直生长的倾向，因此年轮也会相应发生变化，根据这些变化，就可以了解当地历史上发生地震的时间、强度和周期，于是就有可能做出成功的地震预报。

从树桩的横断面把树木锯开，自然很容易看到了年轮的变化，但是，这样一来，这棵树木也就死了。如果要进行广泛的科学研究，如果遇到非常珍贵的树木，条件不允许这样观察它们的年轮，该怎么办呢？为了解决这个问题，科学家发明了一种专用工具：钻具。它能从树皮一直钻到树心，然后取出一个薄片，如果它提供的信息不够充分，我们可以再换一个角度，另取一片，这样就不会影响树木的寿命和生长，而又能了解树木的年轮所包含的各种数据。近年来，日本科学家又把CT扫描方法用来观察树木的生长状况，而且还可以对古代建筑的木质结构和古代木雕进行科学研究。

雷电是植物引起的吗

电对植物的影响是随处可见的。在很早以前人们就发现，频繁的雷电对农作物的成长发育是有好处的，它能缩短成熟期和提高产量。在避雷器和高压电线附近就能明显发现这一点。另外，无数次的试验也证明，把微弱的电流通入土壤，能使许多植物的种子发芽迅速，产量提高。

植物接受任何一个微小的电荷都像喝一口滋补饮料，会使它的生命过程加速，可以使植物迅速成熟，果实更为丰硕。能享受"电营养品"的不仅是草，还有树木。

美国科学家曾用弱电说治疗树木癌肿病以及其他危难病症。春天，短时间把电极插入树内，通入交流电，电流就进入树枝、树根和土壤。每次时间要根据"患者"的病情来确定。一段时间之后，出现了奇迹，树上长出了新枝和新皮，患处也开始结疤。不过这只有弱电流才行。

经研究发现，所有植物的细胞都是一种特殊的电磁，因此整株植物总是不断地有弱电流通过。哪怕是一个最微小的幼芽，它能够生存的原因，也是因为有电流通过。当电子爬上肺草花的花冠，它身上的电就会发出信号，驱使它的蜜腺分泌出甜汁；含羞草的叶子一受到触动，它就受令立刻卷起；当雨快到来时，蒲公英的花盘就会马上收拢；阿尔卑斯山的龙胆草，对天气变化感受得更为强烈。当乌云遮盖太阳时，花就会立即合拢，一旦太阳出来，它便立即开放，如果遇到阴晴不定的天气，那它可就要忙坏了。

上边的事例，说明植物是离不开电的。那么，植物和雷电有什么关系呢？

直到不久前才研究清楚，所有的花粉都带正电荷，雌蕊带负电荷。正是由于正负电荷的吸收，花粉和雌蕊才有了接触的机会。大家知道，雷是正电和负电相接触的结果，这就和植物有了关系。美国华盛顿大学的文特教授和苏联基辅大学的格罗津斯基教授就认为，雷电就是由植物引起的。

根据是什么呢？据统计，全世界所有的植物每年蒸发到大气里的芳香物质大约有 1.5 亿吨。它们都是迎着阳光飞走的，每一滴芳香物质都带有正电荷，把水分吸到自己的身上，水分就形成了一个水汽罩把芳香物质包在核心。就这样一滴滴、一点点地逐渐积聚，越聚越多，最终形成可以发出电闪雷鸣的大块乌云。地球各大洲的上空，每秒钟大约发生 100 次闪电。如果把闪电所释放的全部电收集起来，就可以得到功率为 1 亿千瓦的强大电荷。这正是植物每年散布到空中的数百万吨芳香油所带走的那部分能量。植物把电能传给大气，大气又传给大地，而大地再传给植物。电就是这样年复一年、经久不停地循环着。

也有些人对此提出过许多疑问。接着格罗津斯基又提出一系列问题：为什么雷电出现的地方经常是炎热夏季中遍布植被的地方？这难道不是因为在晴朗暖和的日子里，有更多的芳香油散发到空中吗？为什么在沙漠和海洋上雷鸣是那样稀少？为什么在两极地区和冻土地带没有雷电？为什么冬季很少有雷电？

这些问题如何解答呢？雷电难道真的和植物有关吗？这个问题还有待进一步研究。

植物发电之谜

    1918 年，英国的一名钟表匠托尼·埃希尔做了一个实验。他把两个电极插入一个柠檬，一边用铜钱，一边用锌线，把柠檬与一个小型钟表上的电动机的电路相连接。有趣的事情发生了：钟表的指针开始走动，就像接了电源一样。令人难以置信的是，这个小小的柠檬竟使这只表一直走了 5 个月之久。这个实验向人们证实：植物中蕴藏着相当大的能量，可以用来发电。这一发现，无异于给正在千方百计寻找新能源的科学界注入了兴奋剂，许多科学家从中受到启迪和鼓舞，专心致志地投入到这项有意义的研究之中。

    美国加利福尼亚大学教授索莫杰伊认为，工业上从水中提取氢气和氧气要消耗大量电能，而植物可以通过光合作用将水分解为氢气和氧气。如果模拟绿叶制造出一种能利用太阳能的"人工绿叶"，就等于造了一座发电厂。为了证明这一点，索莫杰伊还进行了一系列实验。他把氧化铁粉分别掺入镁和硅中，制成"PN"型半导体结盘形板作为催化板，然后将它们浸在导电的硫酸钠溶液时。在阳光照射下，盘面两级产生了电流，并开始将水分解成氢气和氧气。这个实验的最大障碍是氧化问题，掺镁盘面的氧化铁在 8 个小时后就逐渐变成了氧化亚铁，从而降低以至最终失去了催化作用。所以这个简单的实验与投入实际应用还有很大的距离。

    美国俄亥俄州立大学的生物化学家们运用生化技术做了更为复杂的实验。他们先把完整的叶绿体从植物组织中分离出来，然后把叶绿体涂在微型过滤膜上，用这种薄膜来分隔两种溶液：一种溶液中含有释放电子的化学物质，另一种溶液则含有电子受体。当光线透过电子受体溶液照射到叶绿体上时，电子就会从释放电子的溶液中通过叶绿体进入电子受体溶液。

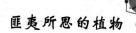

但是在实际操作中，研究者们发现根据覆盖在薄膜上的叶绿体面积计算，光能只有3%左右能立刻转化为电能。这个数字显然太不理想了，因为在理论上，用植物产生的电应该远不止这些。

虽然对植物发电的研究面临很多困难，但人们并没因此而放弃它。首先，植物作为能源是取之不尽的；其次，它比光能电池有更明显的优越性，在能源匮乏的今天，植物发电具有广阔的前景。

植物食人之谜

黄高森林位于越南西贡以北，与中国广西龙州相邻，处于左江下游。这里森林茂密，白天气候炎热，夜间又寒冷潮湿。

1969 年 8 月美国海军陆战队卡洛塔上尉带着 12 个人来到黄高森林执行一项军事任务。在这个热带雨林中，他们发现了许多稀奇古怪的植物。

一天，上士凯文迪和几位同伴在一条溪边饮水。凯文迪刚伸手下去，就被一株水草卷住手腕，他使劲挣扎，竟不能扯脱，便大呼同伴帮忙。一个士兵在从军前是生物系的学生，认出这种草叫"狸藻"，知道此草能捕捉水中小虫，却不知为何竟能卷住人的手腕。那士兵当即拔出刺刀，将凯文迪的手斩断。凯文迪惨叫一声，其他几人惊奇地发现，那只断掉的手，竟被一蓬狸藻卷住，几秒钟的时间，就只剩下一些淡红的血水。大家感到毛骨悚然，若不是那位学过生物的士兵当机立断，只怕凯文迪整个人都会被卷进去吃掉。

那位士兵名叫汉斯，他后来回忆起当时的情景说："我只是觉得这个地方太神秘了，我想也没有多想就斩掉凯文迪的手。从形状上看，吃掉凯文迪手的水草与狸藻一模一样。这种植物是杂生深水草本植物，属狸藻科。茎细长，叶互生，叶基部生有小囊，即捕虫囊，水中小虫进入，会被囊内分泌的酶所消化。秋季花出水面，花冠唇形，有黄色和白色两种，分布于东亚和东南亚各地，很常见。但能吞食人的肢体，我却是第一次见到。"

卡洛塔上尉的遭遇更可怕。他在凯文迪出事的两天后，前往附近丛林执行任务，结果遇难，连尸体也没有留下，而杀人者竟是猪笼草。这种草叶子的中脉延伸成卷须，到顶端膨大成囊状体，囊上有盖，囊面有绳子一样的窄翅，盖下有蜜腺，囊内有弱酸性的消化液，小虫吸蜜时落入，立即被消化掉。卡洛塔上尉在行进中，突然觉得整个身体失去了重心，被一片奇大的猪笼草吸住。他挣扎不开，向身后的同伴大喊"救命"。

一个士兵后来回忆说："我们看见一大片草吸住了上尉，就像磁铁吸住钉子一样。他的声音带着颤抖。可是等我们飞跑过去时，他已有半个身体不存在了，人也死了。死得十分突然而又莫名其妙。我们只有眼睁睁地看着他消失在那丛该死的草堆里。"

卡洛塔所带的这支队伍虽然死了两个人，但与帕克·诺依曼的队伍相比，要幸运得多。

帕克·诺依曼是美国陆军74团少校军官。该团遭到越南游击队的进攻，有一名上校、两名中校被俘。帕克·诺依曼少校带着27名富有战斗经验的官兵去追击。他们追了一天多，来到保安县境内的腾娄森林中，在那里，他们发现一块很大的平坦地带，上面没有丛林中常见的灌木丛、榕树及藤本植物，而是一片十分美丽的紫色草苔，如同铺着豪华的地毯。诺依曼少校下令就地休息，派出麦克·西弗等三名士兵去寻找干柴、水源。麦克·西弗等三人走出很远才发现一条溪涧，这时麦克·西弗突然对另外两个同伴说了一声"不好"，就连忙往回奔。当他们走近那片紫色草毯时，都惊呆了。帕克·诺依曼少校等24名官兵消失得无影无踪，那紫色的草毯上只剩下一些枪械刀刃。原来，他们都被这片美丽的毛毡苔吞食了。

毛毡苔是亚洲、非洲和北美洲的一种常见植物，属茅膏菜科，多年生草本，叶均基出，呈莲座状，叶柄细长，叶片近圆形，生满红紫色腺毛，分泌黏液，能捕食小虫，是著名的食虫植物。但是毛毡苔居然能一次吞掉24名美军官兵，实属一桩奇闻。

食虫植物吃人的真正原因，至今仍不得而知。

植物能源之谜

地球上的煤、石油、天然气资源是有限的，随着能源危机的一天天逼近，人们迫切地希望早日找到能代替煤、石油和天然气的"能源植物"。

最先引起科学家注意的是银合欢树，它生长迅速，七八年即可成材。它的汁液里含油量很高，有"燃烧的木头"之称。银合欢树原产于中美洲，它在东南亚潮湿温暖的地区也能很好地生长。菲律宾曾引种了 12000 公顷的银合欢树，获得了相当于 100 万桶石油的能源。这种树的缺点是不耐寒，无法在更多地区推广种植。

菲律宾北部有一种汉加树，每年开花结果 3 次，一棵树每次结果量可达 15 千克。当地人原本是把它作为药来用的：吃汉加果可以治胃痛；涂汉加果汁可以消除皮肤被蚊虫叮咬后的痒痛。后来人们发现，汉加果遇火会迅速剧烈地燃烧。经检测，原来汉加果内含有 16% 的酒精。这个消息令菲律宾政府非常兴奋，准备扩大栽种面积，以期用果实提炼物代替石油。

在巴西的热带丛林中，有一种常绿乔木——香胶树，只要在它高大的树干上打一个洞，半年内就可分泌出 20~30 千克胶汁。这种胶汁的化学性质与柴油十分相似，不需要加工提炼，就可以直接当柴油使用。据估计，100 棵香胶树每年可产胶汁 25 桶，这个产量是很可观的。巴西政府已经开始对香胶树做进一步的研究。

生长在我国海南岛的油楠，也是一种能产"油"的树，只要在树干上钻个洞，便会从破口处流出黄色的油状液体来，一棵高 13~15 米、直径在 50 厘米左右的油楠树，可产油 300~4000 克，其可燃性与柴油相似。

人们不仅多方寻找能源植物，还通过多种方式培育能源植物。在日本，科学家培育出一种大戟科植物蓝珊瑚，从每千克这种植物中，能提炼出可产

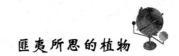

生30千卡热量的石油。

　　美国加利福尼亚大学也成功地培育出了"石油树"。它的汁液中含有同原油相似的石油烃，经过脱水和分馏，可以得到汽油和航空用油。美国已有3个州种植了"石油树"。每英亩可年产10桶石油。

　　美国弗吉尼亚州的学者培育出一种杂交的白杨树，起名为克隆388。这种树生长迅速可以密植。几经砍伐后，仍能从树桩上迅速长出新的枝条来，而且越长越密，是理想的直接燃烧材料。

　　总之，在没有找到理想的能源植物之前，科学家们是决不会放弃努力的。

植物的识别力

在植物的生长环境中，存有大量的微生物。这些微生物有的有利于植物的生长，甚至是植物健康生长必不可少的，而有的却对植物的生长有害，甚至是致命的。有趣的是，植物往往能对此做出正确辨别，同有益的微生物"和平共处"，而把有害的微生物拒之门外。这一现象引起了人们的注意。植物是靠什么来识别"朋友"和"敌人"的呢？

豆科植物与根瘤，产生固氮能力。但是令人不解的是，在根瘤菌与豆科植物的关系上存在着近乎苛刻的选择性。也就是说，能感染一种豆科植物并形成根瘤的根瘤菌，对其他的豆科植物通常是不感染的。为什么会表现出这么强的专一性呢？人们在研究中发现，这是由于豆科植物所产生的凝集素（一种有识别作用的蛋白）能识别根瘤菌细胞壁中的糖蛋白，从而决定是否与根瘤菌建立共生关系。如果豆科植物的识别蛋白能与根瘤菌细胞壁中的糖蛋白结合，则表明这种根瘤菌是"朋友"，可以与之共生，反之则不然。

植物扩张领土之谜

动物为了维持自己的生存，本能地会与同类或不同类动物争夺地盘，这种弱肉强食的现象已是众所周知的事实。但是不能运动、无爪牙之利的植物也会争夺地盘，却是近代生物学者的一个新发现。

在俄罗斯的基洛夫州生长着两种云杉，一种是挺拔高大、喜欢温暖的欧洲云杉，另一种是个头稍矮、耐寒力较强的西伯利亚云杉。它们都属于松树云杉属，应该称得上是亲密的"兄弟俩"，但是在它们之间也进行着旷日持久的地盘争夺战。人们在古植物学研究中发现，几千年前这里大面积生长着的是西伯利亚云杉。经过数千年的激烈竞争，欧洲云杉已从当年的微弱少数变成了数量庞大的统治者，而西伯利亚云杉却被逼得向寒冷的乌拉尔山方向节节后退。学者们认为，是自然环境因素帮助欧洲云杉赢得了这场"战争"，因为逐渐变暖的北半球气候更加适于欧洲云杉的生长。

可是仅仅用自然环境因素来解释植物对地盘的争夺，对另外一些植物来说似乎并不合适。因为许多植物的盛衰似乎只取决于竞争对手的强弱，而与自然环境无关。比如在同一地区，蓖麻和小荠菜都长得很好，可是若将它们种在一起，蓖麻就像生了病一样，下面的叶子全部枯萎。而葡萄和卷心菜也是绝不肯和睦相处的一对。尽管葡萄爬得高，也无法摆脱卷心菜对它的伤害。把这种蛮横霸道发展到极点的是山艾树。这是生长在美国西南部干燥平原上的一种树，在它们生长的地盘内，竟不允许有任何外来植物落脚，即便是一棵杂草也不行。美国佐治亚州立大学的研究者们为了证实这一点，不止一次地在它们中间种植一些其他植物，结果这些植物没有一株能逃脱死亡的结局。经分析研究发现，山艾树能分泌一种化学物质，而这种化学物质很可能就是它保护自己领地，置其他植物于死地的"秘密武器"。

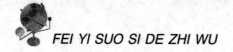

最令科学家们不解和吃惊的，是土生土长植物与外来植物之间的地盘争夺战。为了美化环境，美国曾从国外大量引进外来植物，没想到若干年后，这些外来植物竟反客为主。比如原产于南美洲的鳄草，从 19 世纪 80 年代引进以来，至今在佛罗里达已统治了全州所有的运河、湖泊和水塘；过去长满径草的西棕搁海滩，现在已经成了澳大利亚白千层树的一统天下，土生土长的径草反而变得凤毛麟角、难得一见了；而澳大利亚胡椒也成了佛罗里达州东南部的"植物霸主"。还多亏了有人类干预，否则，这些外来植物会把本地植物"杀"得片甲不留。

说这些外来植物的耀武扬威是自然因素造成的，似乎没有道理。因为从理论上说，土生土长的植物应该比外来者具有更强的适应当地环境的能力。如果外来植物是靠分泌化学物质来驱赶当地植物的，那么为什么当地植物在自己的"地盘"上却反而显示不出这种优势呢？

植物叶片运动之谜

很少有人知道植物也能像动物一样运动，只不过它们是在原地运动，表现得不像动物那样明显罢了。到目前为止，人们已经知道的能运动的植物有近千种。如梅豆、菜豆的爬竿运动，葡萄、丝瓜的攀援运动，向日葵的趋光运动，苜蓿、酢浆草的睡眠运动，猪笼草、毛毡苔的捕虫运动，等等。植物中最为奇妙的"运动员"，要算是含羞草和跳舞草了。

文雅秀气的含羞草，似乎有着特殊的"运动细胞"，只要触动一下它的叶子，它就会立即把"头"低下来，先是小叶闭合，接着叶柄萎软下垂，就像一个娇羞的少女，所以，人们给它取名为"含羞草"。含羞草叶柄上长着四个羽毛状的叶子，羽毛状的叶子又由许多对生的小红叶组成。小叶柄和大叶柄的基部稍有膨大，膨大部分叫叶枕，叶枕下半部的细胞壁较厚，上半部的较薄。在正常情况下，细胞中充满了细胞液，使叶子处在正常状态。当它一受到触动，小叶叶枕上半部的细胞中水液就迅速进入细胞间隙，引起小叶闭合。大叶柄基部的叶枕正好与小叶叶枕相反，它的下半部细胞壁薄，细胞间隙较大。所以，较重的刺激又会引起大叶柄的下半部细胞失水、萎软，使整个复叶部下垂含羞。

跳舞草与大豆是近亲，属豆科植物，由三片叶子组成复叶，只是中间的叶片特别大，长圆形。两侧的小叶特别小，像两只兔子耳朵，能经常自发地进行转动。一般约 1 分钟转动一次。中间的大叶上下成一定角度摆动。奇妙的是，这种摇摆运动完全是在没有任何触动和刺激下自动产生的。跳舞草在荒芜寂寥的野外自寻其乐，不断地舞动着自己的叶片。到了晚上，跳舞就自动停止了。跳舞草的运动，有人认为是由植物内部的生理变化引起的。

早在 18 世纪，科学家第一次在电鳗身上发现了生物电。经进一步研究发

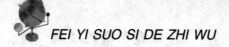

现，在动植物体内都有一种生物电流，只是很微弱罢了。基于此，有些科学家认为，捕虫草受到昆虫的触动，首先产生生物电流，来传递信号，以引起捕虫动作。在不同的植物中，生物电传导的速度是不同的，如在葡萄中，传导速度大约是每秒钟 1 厘米，而在含羞草中，每秒钟可达 30 厘米左右。因此，一触动含羞草的叶子，它的叶枕很快就能感觉到了。

但是，植物叶片运动的真正原因是什么呢？这还有待于科学家的进一步研究与探讨。

植物欣赏音乐之谜

在植物世界里，真是无奇不有。比如，有吃动物的猪笼草，有剧毒的箭毒木，有羞羞答答的含羞草，有不停摆动的跳舞草……最近，植物学家们又发现了会欣赏音乐的植物。

法国农业科学院声乐实验室的第一位科学家，让一个正在生长的番茄每天"欣赏"3 个小时的音乐，结果这只番茄由于"心情舒畅"，竟然长到了 2 千克，成为世界上最大的番茄。英国科学家用音乐刺激法培育出了 5.5 千克的甜瓜和 25 千克的卷心菜。日本山形县先锋音响器材公司下属的蔬菜种植场种植的"音乐蔬菜"，生长速度明显加快，味道也有改善。

科学家们在研究中还发现，植物不仅能"欣赏"优美的乐曲，而且也讨厌那些让人心烦意乱的噪音。

我国清代诗人侯嵩高写了一本书，名叫《秋坪新语》，其中记述了一则"弹琴菊花动"的故事。书中说，他十分喜欢弹琴种花，有一天夜里，他点蜡烛弹琴，当他弹得十分起劲的时候，书房里的菊花也随着悠扬的琴声"簌簌摇摆起舞"。

1981 年，在我国云南西双版纳勐腊县尚勇乡附近的原始森林里，发现了一棵会"欣赏"音乐的小树，当地群众管它叫"风流树"。人们发现，在风流树旁播放音乐，树身便会随着音乐的节奏摇曳摆动，翩翩起舞。令人惊奇的是，如果播放的是轻音乐或抒情歌曲，小树的舞蹈动作就显得婀娜多姿；如果播放的是进行曲或嘈杂的音乐，小树就不舞动了。

音乐对植物究竟有什么影响？这至今仍是一个未解之谜。

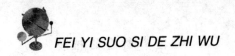

花儿为什么这样红

花开时节，那一枝枝，这一丛丛，如云似霞。红的似火，黄的如金，白的像雪，千姿百态，万紫千红，满园春色。

为什么花儿能盛开得这样璀璨夺目、绚丽多彩呢？原来，花瓣的细胞液中含有叶绿素、胡萝卜素等有机色素，它们像魔术大师把花变得五颜六色。遇到酸性时，细胞就成红色；遇到碱性时，细胞变为蓝色；遇到中性时，细胞又变为紫色。你可以摘一朵牵牛花做试验：把红色的牵牛花泡在肥皂水里，因为遇到碱性，它便由红色摇身一变变为蓝色；再把这朵花放在醋里，由于遇到酸性，它又恢复原色。花青素的"变魔术"本领更为惊人，它不仅能使许多鲜花色彩斑斓，而且还能使花色变化多端。如棉花的花朵初绽时为黄白色，后变红色，最后呈紫红色，完全是受花青素影响的结果。当不同比例、不同浓度的花青素、胡萝卜素、叶黄素等色素相互配合后，就会使花呈现出千差万别的色调。大部分黄花本身不含花青素，而完全是胡萝卜素在起作用；有些黄花当含有极淡的花青素时，就变成橙色。由此可见，万紫千红的花完全是由于花青素和其他各种色素相互配合的结果。

一般来说，有机色素以叶绿素为主体时，花可显青色和绿色，如绿月季等；以花青素为主体时，可呈红色、蓝色和紫色，如玫瑰等；以胡萝卜素、类胡萝卜素为主体时，则呈黄色、橙色和茶色，如菊花等。

世界上开花植物多达 4000 余种，其花异彩纷呈，常见的有白、黄、红、蓝、紫、绿、橙、褐、黑等 9 种颜色。大多数花在红、紫、蓝之间变化着，这是花青素所起的作用；其次是在黄、橙、橙红之间变化着，这是胡萝卜素施展的本领。据统计，世界上各种植物的花色中，最多的是白色，约占 28%，白色的花瓣不含任何色素，只是由于花瓣内充斥着无数的小气泡才使它看起

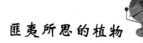

来像白色；其次是黄色；红色列为第三；再其次是蓝色、紫色；较少的是绿色，如菊花中的"绿菊"，其花瓣就是令人赏心悦目的绿色；最为罕见的是黑色，花瓣为黑色，如"墨菊"，为菊中之珍品，"黑牡丹"、"黑郁金香"也被列为花之名贵品种。

花色万紫千红，还有其生理上的需要。由于光波长短不同，所含热量不同，各种花对光波的反射能力也不同，只有适者才能得以生存。在自然界中昆虫对植物的生存也起着重要的作用，花只有呈现艳丽多彩或散发芳香的，才能请来昆虫做"红娘"，得以繁殖后代。目前人们普遍通过人工选择培育不同颜色的花，万紫千红的百花园因此更添几分妩媚。

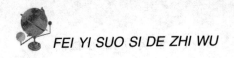

花儿有香味之谜

众多植物中，除少数外，多数植物的花都是芳香的。但你知道，花为什么会有香味，这香味又是怎么产生的吗？

原来，在花卉的叶子里含有叶绿素。叶绿素在阳光照射下，进行光合作用的时候，产生了一种芳香油，它贮藏在花朵里边。这种芳香油极易挥发，当花开的时候，芳香油就随着水分挥发而散发出香味来，这就是人们闻到的花香。由于各种花卉所含的芳香油不同，所散发出来的香味就不一样：有的浓郁，有的淡雅。一般来说，花香的浓淡和开花的地点有着密切的关系。生长在热带的花卉，香气大都浓而烈；而生长在寒带的花卉，香气多是淡而雅。另外，通常花的颜色越浅，香味越浓烈；颜色越深，香味越清淡。白色和淡黄色花的香味最浓，其次是紫色和黄色的花，浅蓝色花的香味最淡。一天当中，阳光强烈、温度高时，花香较浓，香飘得也较远，而在阴雨天或阳光弱、温度低的情况下，花香就较淡。然而，也有一些花例外，如蔷薇、丁香等。

我们日常生活中，人和花香的关系是极为密切的。从人们吃的冰棍、糖果到喝的汽水、果汁；从人们用的牙膏、香皂到各种化妆品，样样离不开香精。要从花卉的花、叶、茎、根、籽、仁里面提取出具有不同香味的物质，那可不是一件很容易的事情。一般要提取 1 千克的薄荷油，需要采集成吨的鲜薄荷；要提炼 1 千克的玫瑰油，则需要采摘 300 万朵玫瑰花，大约相当于 2 吨的玫瑰花的花瓣。在国际市场上，要用 1.7 千克的黄金才能买回 1 千克的玫瑰油，可见其价格是多么昂贵。玫瑰油不仅是香料工业中不可缺少的宝贵原料，在其他制造工业中也被广泛地应用。随着科学技术的不断发展，人们在揭开花香的秘密之后，已经试制成功人造香料了，这样花香对人类的贡献可就更大了。

花开花落时间之谜

花开花落是植物生长的一种自然规律，那为什么有的花喜欢白天开放，而且是五彩缤纷，有的花则愿意在傍晚盛开，花则多为白色，又有的花是昼开夜合呢？

在常见的植物中，大都是在白天开花。这是因为在阳光下，清晨，花的表皮细胞内的膨胀压大，上表皮细胞（花瓣内侧）生长得快，于是花瓣便向外弯曲，花朵盛开。花儿白天开，在阳光下，花瓣内的芳香油易于挥发，加之五彩缤纷的花色，能够吸引许多昆虫前来采蜜。昆虫采蜜时便充当了花的"红娘"为其传授花粉，这样有利于花卉结籽，繁殖后代。

那么，为什么有的花则偏偏喜欢在晚上开放，而花朵又多是白色的呢？植物之所以要开花，是为了吸引昆虫来传粉。植物在夜里开的花，最初也是多种多样颜色的，但由于白花在夜里的反光率最高，最容易被昆虫发现，为其做媒传授花粉。因此，在长期的发展演化过程中，夜里开白花的植物被保存了下来，而夜里开红花、蓝花的植物，因不易被昆虫发现并为其传授花粉，而失去了繁衍后代的机会，逐渐被淘汰了。

植物中还有的花是白天盛开，而夜里又闭合起来。如睡莲、郁金香，它们的花白天竞相开放，而当夜幕降临时，便闭合起来，到来日则又继续开放。这又是为什么呢？花的昼开夜合现象是植物的睡眠运动引起的。这种运动的产生，一种是因温度变化引起的。如晚上温度低时它便闭合起来。如果把已经闭合的花移到温暖的地方，3~5分钟后便会重新开放。另一种是由于光线强弱的变化引起的。如花在强光下开放，弱光下闭合。

有的植物在白天开出艳丽的花朵，有的植物则在傍晚开放出洁白的花朵，这些都是植物长期适应外界生活环境而形成的一种遗传习性。而植物的睡眠运动，则是由于花瓣两侧的生长素分布不匀而引起生长不平衡的结果。

花叶先后之谜

　　花，被誉为"春的使者"，春天一到百花争艳。当你置身于万紫千红的百花园中，观赏那多姿多彩的花朵时，是否注意到一种奇妙的现象：有的是绿叶伴着鲜花开，有的则只见花盛开而不见绿叶出。这是为什么呢？

　　在木本花木中，有的是先开花而后吐叶；有的是先吐叶而后绽开花蕾；也有的花和叶差不多并肩而出。常见的先花后叶的花木品种，有玉兰、腊梅、迎春等。那玉兰花，在春寒未尽的3月，便好似一群娇羞的少女，亭亭玉立于枝干的上边，白的似玉，紫的如胭，喷吐着芬芳，为生机勃勃的早春增添无限的情趣。在这繁花过后，枝头才露出一片片嫩绿的叶儿。可是，苹果、橘子这些果树在枝头已是翠绿一片的时候，那朵朵小花方才露出"笑脸"，点缀于绿叶之间。

　　这些植物都属于"植物王国"的一员，甚至同长在一块土地上，但是它们为什么会有先花后叶和先叶后花的差别呢？这可是个有趣的问题。原来多数树木的花和叶都是在上一年的秋天就形成了的，它们都被包在芽里，有叶的叫做"叶芽"，有花的叫做"花芽"，既有叶又有花的叫做"合芽"。这些芽要越过寒冬，等到来年春天，才吐叶、开花。每一种植物的各个器官的功能对环境、温度条件都有它的特殊要求。有的植物如玉兰花等，其花芽生长时需要的温度比较低，所以它就先开花后吐叶；像苹果、橘子等果树的花芽，生长时对温度的要求较高，因此，它先吐叶而后开花；还有些植物的花芽和叶芽对温度的要求差不多一样，所以，花和叶就差不多同时出现在枝头上。

　　植物各式各样开花吐叶的现象为大自然装点出一幅奇妙的图画，使春天变得更加绚丽多彩。

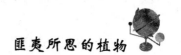

水果剥皮后变色之谜

"庭前八月枣梨黄，一日上树能千回。"这是古代诗人杜甫的两句描写人们喜食水果的诗。水果香甜，人人喜食。水果在食用前，往往应先剥皮，这是比较卫生的。可是水果剥皮后，如不立即吃掉，则会产生果肉变色的现象，这又是因为什么原因呢？

水果剥皮后果肉同空气接触变成了褐色，时间越长颜色越深，这主要是由于大部分水果中含有一种叫"鞣酸"的植物酸导致的。这种酸一旦遇着铁质，就会引起化学反应，生成鞣酸亚铁。鞣酸亚铁的化学性质很不稳定，当它与空气中的氧分子化合时，就自然而然地生成一种性能稳定的鞣酸高铁盐，而这种鞣酸高铁盐通常是呈颗粒状态的，很容易使水果变成褐色。还有一个原因，那就是水果的肉质细胞内普遍含有活性较强的多酚氧化酶，像苹果、梨这类水果剥皮或碰伤后，就会变成棕褐色，这是多酚氧化酶作用的结果。

水果剥皮后变色出现的微量鞣酸亚铁，食用后对人体并无影响。如果你想防止变色，可把剥皮后的水果放在凉开水中浸泡一会儿，即可如愿。

指南草指南之谜

如果你到广阔的内蒙古大草原旅游，那里美丽的草原景色迷住了你，你不幸迷了路，正在那儿放牧的蒙族牧民一定会告诉你："只要看看'指南草'所指的方向就知道路了。"

"指南草"是人们对内蒙古草原上生长的一种叫野莴苣的植物的俗称。一般来说，它的叶子基本上垂直地排列在茎的两侧，而且叶子与地面垂直，呈南北向排列。

为什么"指南草"会指南呢？

原来在内蒙古草原上，草原辽阔，没有高大树木，人烟稀少，一到夏天，骄阳火辣辣地烤着草原上的草皮，特别是中午时分，草原上更为炎热，水分蒸发也更快。在这种特定的生态环境中，野莴苣练就了一种适应环境的本领：它的叶子长成与地面垂直的方向，而且排列呈南北向。这种叶片布置的方式有两个好处：一是中午时，亦即阳光最为强烈时，可最大程度地减少阳光直射的面积，减少水分的蒸发；二是有利于吸收早晚的太阳斜射光，增强光合作用。科学家们考察发现，越是干燥的地方，其生长着的"指南草"指示的方向也越准确。其道理是显而易见的。

内蒙古草原除了野莴苣可以指示方向外，蒙古菊、草地麻头花等植物也能指示方向。

有趣的是，地球上不但有以上所说的会指示南北方向的植物，在非洲南部的大沙漠里还生长着一种仅指示北向的植物，人们称它为"指北草"。

"指北草"生长在赤道以南，总是接受从北面射来的阳光，花朵总是朝北生长；可它的花茎坚硬，花朵不能像向日葵的花盘那样随太阳转动，因此总

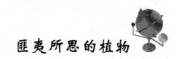

是指向北面。

在非洲东海岸的马达加斯加岛上，还有一种"指南树"，它的树干上长着一排排细小的针叶，不论这种树生长在高山还是平原，那针叶总是像指南针似的永远指向南方。

在草原或沙漠上旅游，如果了解了这些能够指示方向的植物的习性，就不会迷路了。

植物报时钟的奥秘

18 世纪著名的植物学家林奈，经过对植物开花时间的多年研究之后，把一些开花时间不同的花卉种在自家的大花坛里，制成了一个"报时钟"。人们只要看看"报时钟"里种植在哪个位置的花开了，就大致知道时间了。因为每种花开放的时间基本上是固定的：蛇麻花约在凌晨 3 点开，牵牛花约在 4 点开，野蔷薇约在 5 点开，芍药花约在 7 点开，半支莲约在 10 点开，鹅鸟菜约在 12 点开，万寿菊约在下午 3 点开，紫茉莉约在下午 5 点开，烟草花约在傍晚 6 点开，丝瓜花约在晚上 7 点开，昙花约在晚上 9 点开。林奈正是根据各种花卉的开花时间而设计出"报时钟"的。

就一天而言（在植物花期内），植物的开花时间大体是固定的；就一年来说，植物开始开花（始花），进入花期的月份也是大致不变的。有人把始花期月份不同的 12 种花卉编成歌谣：

一月腊梅凌寒开，

二月红梅香雪海；

三月迎春报春来，

四月牡丹又吐艳；

五月芍药大又圆，

六月栀子香又白；

七月荷花满池开，

八月凤仙染指盖；

九月桂花吐芬芳，

十月芙蓉千百态；

十一月菊花放异彩，

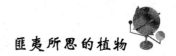

十二月品红顶寒来。

如果有人在一个适当的地方，把这 12 种花卉按一定的顺序栽种，那么也可以组成一个"报月钟"。

为什么各种植物都有自己特定的开花时间，而且固定不变呢？

这是植物在长期的自然选择作用下形成的，以利于植物自己的生存。如在海滨的沙滩上，生活着一种黄棕色硅藻，每当潮水到来之前，它就悄悄地钻进沙底下，以免被猛烈的海潮冲走；当潮水退去时，它又立刻钻了出来，沐浴在阳光下，吸收阳光，进行光合作用。

科学家通过对细胞分子的研究发现，这种现象是由遗传基因控制的，因此可以代代相传，形成一种习性。如果把硅藻装入玻璃缸里，拿回家观察，就会发现：即使是已没有潮汐的涨落，可它仍然像生活在海滩时一样，每天周期性地上升和下潜，其时间与海水的涨落时间完全一致。

发光植物的奥秘

动物会发光这是大家所知道的，比如萤火虫便会发光。

然而，如果有人告诉你植物也会发光，你会相信吗？

据报道，在江苏丹徒县发生过这么一件事：有几株生长在田边的柳树居然在夜间发出一种浅蓝色的光，而且刮风下雨、酷暑严寒都不受影响。这是怎么回事呢？有人说这是神灵显现，有人说这些柳树是神树，一时间闹得沸沸扬扬。

科学家们得知这一消息后，对柳树进行了"体检"，并从它身上刮取一些物质进行培养，结果培养出了一种叫"假蜜环菌"的真菌。答案找到了！原来，会发光的不是柳树本身，而是假蜜环菌，因为这种真菌的菌丝体会发光，因此它又有"亮菌"的雅号。假蜜环菌在江苏、浙江一带较多，它专找一些树桩安身，用白色菌丝体吮吸植物养料。白天由于阳光的缘故，人们自然看不见它发出的光，而在夜晚，就可以看见了。

其实，不但真菌会发光，其他菌类也会发光。

据说，在1900年巴黎举行的国际博览会上，有人把发光细菌收集在一个瓶子里，挂在光学展览室里，结果这一"细菌灯"把房间照得通明！

菌类为什么会发光呢？

原来，在它们体内有一种特殊的发光物质叫"荧光素"。荧光素在体内生命活动的过程中被氧化，同时以光的形式放出能量。

这种光利用能量的效率比较高，有95%的能量转变成光，因此光色柔和，被称为"冷光"。

发热植物之谜

在"植物王国"里，有一种能"发热"的植物，它所发出的热量足以使周围的冰雪融化。什么样的一种植物能有这般的奇异功能呢？它为什么要"发热"呢？这真是令人迷惑不解。

这是一种叫做"斑时阿若母"的百合科草本植物。这种植物在环境气温为4℃时，花的体温可达40℃左右。这种"发热"植物的"花温"为什么如此之高？科学家发现，这种植物在开花之前，已在花的组织里贮存了大量的脂肪。开花时，脂肪进入组织细胞内，发生强烈的氧化作用从而释放出大量的热能，所以造成了"花温"较高的结果。

科学家在研究中还发现，有一种叫"臭菘"的植物，它的成熟期是在冬末春初，这时它的温度一般比环境温度高出20℃～25℃，从而能够融化覆盖在植物上面厚厚的雪层，于是，花便可以轻而易举地钻出雪层，避免了被冻伤的危险。这是植物"发热"的第一功能。

另一种"发热"植物叫"佛焰"，它的雌蕊和雄蕊都隐藏在苞的深处。为了能在花开之后请到媒人，它把"花温"急剧升高，散发臭味，如同发热的腐烂的动物尸体或发酵的粪堆发出的气味，于是一种对热敏感、喜欢吃腐烂物的蝇就急急忙忙赶来，为它们做媒，完成了传授花粉的"伟业"。这是植物"发热"的第二功能。

此外，佛焰"发热"，可以使四周的风转变成围绕着佛焰花序旋转的涡流，而且这种涡流不受外界风向的影响，并能把四周各个方向吹来的风转向佛焰苞的开口处。这样，不仅能使热量均匀地分布在整个佛焰苞内，使整个花朵能融化厚雪的覆盖，而且，更令人惊奇的是，佛焰花序周围的涡流能把花序顶端成熟的花粉吹到花序下部未经授粉的花朵内，从而达到没有蝇为媒，利用热气流为媒也能"成亲"的目的。植物的安排真可谓绝妙！

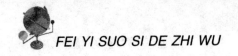

植物的防御武器之谜

　　全世界已经知道的植物有 40 万种。尽管它们随时面临着微生物、动物和人类的欺凌，却仍然生长得郁郁葱葱、生机勃勃，生活在地球上的每一个角落。植物虽然是一些花草树木，但也有一套保护自己的方法和防御武器。

　　我们到野外旅游的时候，总有一种感受，就是在进入灌木丛或草地时，要注意别让植物的刺扎了。北方山区酸枣树长的刺就挺厉害。酸枣树长刺是为了保护自己，免遭动物的侵害。别的植物长刺也是这个目的。就拿仙人掌或仙人球来说吧，它们的老家本来在沙漠里，由于那里干旱少雨，它的叶子退化了，身体里贮存了很多水分，外面长了许多硬刺。如果没有这些刺，沙漠里的动物为了解渴，就会毫无顾忌地把仙人掌或仙人球吃了。有了这些硬刺，动物们就不敢碰它们啦。田野里的庄稼也是这样，稻谷成熟的时候，它的芒刺就会变得更加坚硬、锋利，使麻雀闻到稻香也不敢轻易地啄它一口，连满身披甲的甲虫也望而生畏。植物的刺长得最繁密的地方往往是身体最幼嫩的部分，它长在昆虫大量繁殖之前，以抵御它们的伤害。抗虫小麦和红叶棉身上的刚毛让害虫寸步难行，无法进入花蕾掠夺。在非洲的卡拉哈利沙漠地带，生长着一种带刺的南瓜，当它受到动物侵犯的时候，它的刺就会插进来犯者的身上，因此许多飞禽走兽见到它，就自动躲开了。植物身上长的刺就像古代军队使用的刀剑一样，是一种原始的防御武器。

　　比起它们来，蝎子草的武器就先进多了。这是一种荨麻科植物，生长在比较潮湿和荫凉的地方。蝎子草也长刺，但它的刺非常特殊，刺是空心的，里面有一种毒液，如果人或动物碰上，刺就会自动断裂，把毒液注入人或动物的皮肤里，会引起皮肤发炎或瘙痒。这样一来，野生动物就不敢侵犯它们了。

植物体内的有毒物质，是植物世界最厉害的防御武器。龙舌兰属植物含有一种类固醇，动物吃了以后，会使它的红血球破裂，死于非命。夹竹桃含有一种肌肉松弛剂，别说昆虫和鸟吃了它，就是人畜吃了也性命难保。毒芹是一种伞形科植物，它的种子里含有生物碱，动物吃了，在几小时以内就会暴死。另外，乌头的嫩叶、藜芦的嫩叶也有很大的毒性，如果牛羊吃了，也会中毒而死，有趣的是，牛羊见了它们就会躲得远远的。巴豆的全身都有毒，种子含有的巴豆素毒性更大，吃了以后会引起呕吐、拉肚子，甚至休克。有一种叫"红杉"的土豆，含有毒素，叶蝉咬上一口，就会丧命。有的植物虽然也含有生物碱，但只是味道不好，尝过苦头的食草动物就不敢再吃它了。它们使用的是一种威力轻微的化学武器，是纯防御性质的。

为了抵御病菌、昆虫和鸟类的袭击，一些植物长出了各种奇妙的器官，就像我们人类的装甲一样。比如番茄和苹果，它们就用增厚角质层的办法，来抵抗细菌的侵害。小麦的叶片表面长出一层蜡质，锈菌就危害不了它了。抗虫玉米的装甲更先进，它的苞叶能紧紧裹住果穗，把害虫关在里面，叫它们互相残杀，弱肉强食，或者把害虫赶到花丝，让它们服毒自尽。

有的植物还拥有更先进的生物化学武器。它们体内含有各种特殊的生化物质，像蜕皮激素、抗蜕皮激素、抗保幼激素、性外激素什么的。昆虫吃了以后，会引起发育异常，不该蜕皮的，蜕了皮，该蜕皮的，却蜕不了皮。有的则干脆失去了繁殖能力。20多年来，科学家曾对1300多种植物进行了研究，发现其中有200多种植物含有蜕皮激素。由此可见，植物世界早就知道使用生物武器了。

古代人打仗的时候，为了防止敌人进攻，就在城外挖一条护城河。有一种叫"续断"的植物，也知道使用这种防御办法。它的叶子是对生的，但叶基部分扩大相连，从外表上看，它的茎好像是从两片相接的叶子中穿出来的一样，在它两片叶子相接的地方形成一条沟，等下雨的时候，里面可以存一些水。这样一来，就成了一条护城河，如果害虫沿着茎爬上来偷袭，就会被淹死，从而保护了续断上部的花和果。

军事强国正在研制的非致命武器中，有一种特殊的黏胶剂，把它洒在机

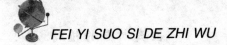

场上，可以使敌人的飞机起飞不了；把它洒在铁路上，可以使敌人的火车寸步难行；把它洒在公路上，可以使敌人的坦克和各种军车开不起来，可以达到兵不血刃的效果。让人惊奇的是，有一种叫霍麦的植物，也会使用这种先进武器。这种植物特别像石竹花，当你用手拔它的时候，会感到黏糊糊的。原来在它的节间表面，能分泌出一种黏液，就像涂上了胶水一样。它可以防止昆虫沿着茎爬上去危害霍麦上部的叶和花。当虫子爬到有黏液的地方，就会被黏得动弹不了，不少害虫还丧了命。

有趣的是，在这场植物与动物的战争中，在植物拥有各种防御武器的同时，动物也相应地发展了自己的解毒能力，用来对付植物。像有些昆虫，就能毫无顾忌地大吃一些有毒植物。当昆虫的抗毒能力增强了的时候，又会促使植物发展更大威力更强烈的化学武器。

这些植物是怎样知道制造、使用和发展自己的防御武器的？它们又是怎样合成这些防御武器的呢？目前科学家还没有一个定论。